"电子产品装调与维修"课程配套图书

电子技术与实训

主　编　李　芳

副主编　谢百松　董　新

西南交通大学出版社

·成　都·

图书在版编目（ＣＩＰ）数据

电子技术与实训 / 李芳主编. —成都：西南交通
大学出版社，2019.11（2024.1 重印）
示范性职业教育规划教材
ISBN 978-7-5643-7220-0

Ⅰ. ①电… Ⅱ. ①李… Ⅲ. ①电子技术－职业教育－
教材 Ⅳ. ①TN

中国国家版本馆 CIP 数据核字（2023）第 144992 号

Dianzi Jishu yu Shixun
电子技术与实训

主编　李　芳

责任编辑	梁志敏
封面设计	何东琳设计工作室

出版发行	西南交通大学出版社
	（四川省成都市金牛区二环路北一段 111 号
	西南交通大学创新大厦 21 楼）
邮政编码	610031
营销部电话	028-87600564　028-87600533
网址	http://www.xnjdcbs.com
印刷	成都蓉军广告印务有限责任公司

成品尺寸	185 mm×260 mm
印张	10.25
字数	255 千
版次	2019 年 11 月第 1 版
印次	2024 年 1 月第 5 次（修订）
定价	32.00 元
书号	ISBN 978-7-5643-7220-0

贵阳职业技术学院教材编写委员会名单

前　言

　　为了适应高职高专教育教学的要求,贵阳职业技术学院装备制造分院特根据教育部制定的《高职高专教育电子技术基础课程教学基本要求》及电工的国家职业技能相关标准,在教学团队多年的教学实践基础上,以培养学生综合应用能力为出发点,编写了本教材。本书推荐作为职业技术教育电子技术相关课程的教材使用,也可供广大电子技术爱好者参考。

　　本书在讲述电子技术相关基本知识的基础上,重点加入了源于岗位典型工作的任务分析,并依据教学目标和要求,结合高职学生的知识结构基础和认知规律进行内容架构;以项目引导和任务驱动的编写模式展开各知识点,每个项目由明确工作任务、施工前的准备、现场施工、总结与评价 4 部分组成,注重"教、学、做"的有机统一,以期强化学生的技能素养。

　　本书由 8 个项目组成。前 5 个项目属于模拟电子技术部分,后 3 个项目属于数字电子技术部分。主要内容包括:直流电源的安装与调试、单相交流调压电路的装接与调试、稳压电源的安装与调试、S66E 超外差式收音机的装接与调试、集成运算放大电路的运用、组合逻辑电路、4 路抢答器、8 路流水彩灯电路等。

　　本书由贵阳职业技术学院装备制造分院李芳担任主编,董新、谢百松担任副主编。在整个编写过程中,特别感谢胡然分院长给予了指导与帮助,提出了许多宝贵的建议;同时也要感谢参考文献的全体作者们。

　　由于编者水平有限,书中的疏漏在所难免,恳请广大读者提出批评与建议。

编　者

2019 年 9 月

目　录

项目一 直流电源的安装与调试

一、学习目的

（1）能通过阅读工作任务单和现场勘查，明确工作任务。

（2）能识读和正确检测二极管、电容、电阻等元器件。

（3）能识读直流电源电路原理图，设计电路的布局走线。

（4）能正确使用焊接工具，按照相关工艺规范完成电子元器件焊接。

（5）能正确使用仪器仪表检测电路安装的正确性，按照作业指导书完成通电调试。

（6）能正确填写验收相关技术文件，完成项目验收，并按照现场管理规定清理施工现场。

二、建议课时

20 课时

三、工作情景描述

学院实训中心急需一个 12 V 的直流供电电源，要求电路供电稳定、可靠，并要在 3 h 内安装完成电路板的装接调试，线路原理图如图 1-1 所示。

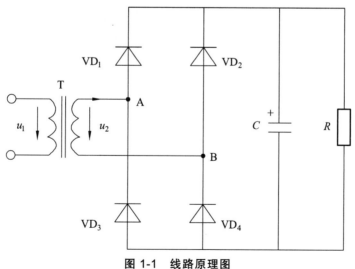

图 1-1 线路原理图

四、工作流程与活动

（1）明确工作任务。

（2）施工前的准备。

（3）现场施工。

（4）总结与评价。

学习活动一　明确工作任务

【学习目标】

（1）能通过阅读工作任务单明确工作内容、工时等要求。

（2）能描述直流电源的基本组成及各部分功能。

【学习课时】

1 课时

【学习过程】

一、阅读工作任务联系单（见表 1-1）

表 1-1　工作任务联系单

年　　月　　日 　　　　　　　　　　　　　　　　　　No

类别：			
安装地点	机电实训中心 4-204 室		
安装项目	学院电子技术实训室需要一个 12 V 的直流供电电源，要求电路供电稳定、可靠，并要在 3 h 内安装完成电路板的装接调试		
需求原因	实训直流电供给		
申报时间		完工时间	
申报单位	机电教研室	安装单位	班级　　　组
申报人		承办人	
申报人联系电话		承办人联系电话	
验收意见	安装调试工作态度是否端正：是□，否□ 系统是否工作正常：是□，否□ 是否按时完成：是□，否□ 客户评价：非常满意□，基本满意□，不满意□ 客户意见或建议： 客户签章：		

二、认识直流电源电气线路

直流电源由电源变压器、整流电路、滤波电路组成。各部分功能如下：

（1）电源变压器部分：将电网电压变成所需的交流电压值。

（2）整流电路部分：将交流电变为单一方向的脉动直流电。

（3）滤波电路部分：将脉动直流电的交流成分过滤掉，转变为平滑的直流电。

三、操作练习

（1）查阅资料，指出线路原理图中各符号的意义。

（2）说一说直流电源的用途，列举几个在日常生活中直流电源应用的实例。

学习活动二　施工前的准备

【学习目标】

（1）认识直流电源的各电子元件。
（2）能正确识读电路原理图，分析各部分的工作原理。
（3）能正确使用万用表、电烙铁、示波器等仪器仪表。
（4）能正确绘制布局图。
（5）能根据任务要求和实际情况，合理制定工作计划。

【学习课时】

10 课时

【学习过程】

首先，请结合原理图认识各电子元件，并通过教材中的实验来认识电子元件的功能特点；然后，根据各电子元件的功能特点，用指针万用表对各电子元件的好坏和极性进行判别；接着，以实验的方式认识整流电路、滤波电路，紧接着分析直流电源电路的工作原理；最后，练习使用电烙铁和示波器，进而制订本任务的工作计划。

一、认识电子元件

根据图 1-1 所示的线路原理图列出元件清单（见表 1-2）。

表 1-2　元件清单

元器件	类型	规格/型号	标识值	特点/用途

（一）认识二极管

1. 查阅资料，说出下列二极管型号的含义

2AP9：

2BZ6：

1N4004：

2. 认识二极管的单相导通性和伏安特性

（1）按图 1-2 接线，并填写实验现象和结论。

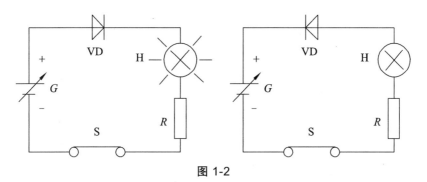

图 1-2

实验现象：

实验结论：

（2）按图 1-3 进行实验，在教师的引导下列出正向伏安特性表；然后将二极管 VD 反接，列出反向伏安特性表。

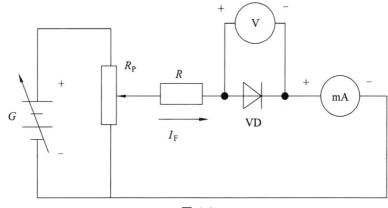

图 1-3

（3）用指针万用表检测二极管的好坏并判断二极管的极性，如图 1-4 所示。

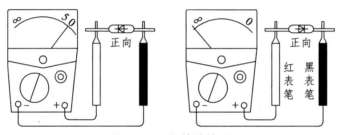

图 1-4　二极管的检测

将万用表调整到 R×100 或 R×1K 欧姆挡，两表笔分别接二极管两个管脚，若测得阻值较小（几十至几百欧姆），再将表笔对调，测得阻值较大（几百至千欧姆），则阻值较小的那次测试中，黑表笔所接管脚为二极管正极，红表笔所接为负极。如果测得正反电阻值相差很大，说明二极管的单向导电性良好；如果测得正反电阻值两次都很小或很大，说明二极管已损坏。

注意事项：使用机械指针万用表测电阻、二极管时，黑表笔为正极（＋），红表笔为负极（－）。使用数字万用表测电阻时，黑表笔为负极（－），红表笔为正极（＋），测量半导体单向导电性特性时，用带有二极管符号专用挡测量。

指导老师提供一包不同类型的二极管散件，学生利用万用表相应挡位检测二极管，完成表 1-3。

表 1-3　二极管测量结果

序号	正向电阻	反向电阻	质量判断

（二）认识电容器

电容在电路中一般用字母"C"加数字表示（如 C25 表示编号为 25 的电容）。电容是由两片紧靠的金属膜中间加绝缘材料隔开而成的元件。电容的特性主要是隔直流通交流。一般用电容容量表示能储存电能的大小，电容对交流信号的阻碍作用称为容抗，它与交流信号的频率和电容量有关。容抗 $X_c = 1/(2\pi fC)$（f 表示交流信号的频率，C 表示电容容量），电话机中常用的电容种类有电解电容、瓷片电容、贴片电容、独石电容、钽电容和涤纶电容等（见图 1-5）。

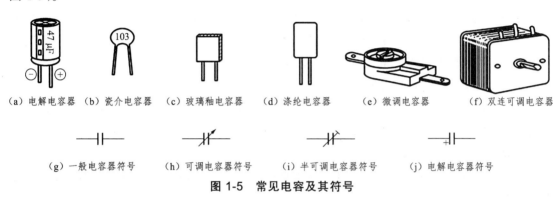

（a）电解电容器　（b）瓷介电容器　（c）玻璃釉电容器　（d）涤纶电容器　（e）微调电容器　（f）双连可调电容器

（g）一般电容器符号　（h）可调电容器符号　（i）半可调电容器符号　（j）电解电容器符号

图 1-5　常见电容及其符号

（1）观看教师提供的不同类型的电容器后，查阅资料，说明描述电容器的主要参数有哪几个？

（2）说出下列数字代表的电容量：

P1：＿＿＿＿＿＿　　243：＿＿＿＿＿＿　　4μ7：＿＿＿＿＿＿

（3）电容器的测试，具体操作如图 1-6 所示。

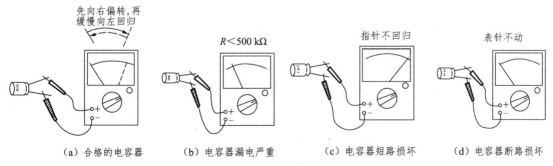

（a）合格的电容器　　（b）电容器漏电严重　　（c）电容器短路损坏　　（d）电容器断路损坏

图 1-6　电容器的测试

① 固定电容器测试。

检测 10 pF 以下的小电容，只能定性地检查其是否有漏电、有无内部短路或击穿现象。测量时，可选用万用表 R×10K 挡。检测 10 pF ~ 0.01 μF 的固定电容器是否有充电现象，进而判断其好坏。对于 0.01 μF 以上的固定电容，可用万用表的 R×10K 挡直接测试电容器有无充电过程，以及有无内部短路或漏电，并可根据指针向右摆动的幅度大小估计出电容器的容量。

② 电解电容的性能及极性检测。

一般情况下，容量为 1 ~ 47 μF 的电容可用 R×1K 挡测量，容量大于 47 μF 的电容可用 R×100 挡测量，将指针万用表的红表笔接负极，黑表笔接正极。对于正、负极标志不明的电解电容器，可利用上述测量漏电阻的方法加以判别。即先任意测试某一方向的漏电阻，记住其大小，然后交换表笔再测出另一个阻值。两次测量中阻值大的那一次便是正向接法，即黑表笔接的是正极，红表笔接的是负极。正常情况下，电解电容外面有一条很粗的白线，白线里面有一行负号，该面为负极，另一边为正极。对于新的电容也可以观看管脚，管脚长的一极为正极，短的一极为负极。

③ 利用万用表相应挡位测量实训室现有的电容，并从中挑选出本任务需要的电容器，并完成表 1-4。

表 1-4　电容测量结果

序号	识读值	实测值	检测过程及出现现象

（三）认识电阻器

电阻在电路中用字母 "R" 加数字表示，如 R15 表示编号为 15 的电阻。电阻在电路中的主要作用为分流、限流、分压、偏置、滤波（与电容器组合使用）和阻抗匹配等。电阻的单位为欧姆（Ω），倍率单位有千欧（kΩ）、兆欧（MΩ）等。换算方法是：1 MΩ = 1 000 kΩ = 1 000 000 Ω。电阻的参数标注方法有 3 种，即直标法、色标法和数标法。

（1）表 1-5 给出了几种常见的电阻器，查阅相关资料，对照图片写出其名称、符号及功能。

表 1-5　几种常见的电阻器

实物照片	名称	功能和用途
	氧化膜电阻	
	水泥电阻	
	绕线电阻	
	电位器	
	敏感电阻器	
	贴片电阻	

（2）色环电阻的识别可参照表 1-6 和表 1-7，试分别读出图 1-7 所示电阻的阻值。

表 1-6 四环电阻器色环颜色与数值对照表

色环颜色	第 1 色环	第 2 色环	第 3 色环	第 4 色环
	第 1 位数	第 2 位数	倍率	误差
棕	1	1	$\times 10^1$	±1%
红	2	2	$\times 10^2$	±2%
橙	3	3	$\times 10^3$	
黄	4	4	$\times 10^4$	
绿	5	5	$\times 10^5$	±0.5%
蓝	6	6	$\times 10^6$	±0.25%
紫	7	7	$\times 10^7$	±0.1%
灰	8	8	$\times 10^8$	±0.05%
白	9	9	$\times 10^9$	
黑		0	$\times 10^0$	
金			$\times 10^{-1}$	±5%
银			$\times 10^{-2}$	±10%

表 1-7 五环电阻器色环颜色与数值对照表

色环颜色	第 1 色环	第 2 色环	第 3 色环	第 4 色环	第 5 色环
	第 1 位数	第 2 位数	第 3 位数	倍率	误差
棕	1	1	1	$\times 10^1$	±1%
红	2	2	2	$\times 10^2$	±2%
橙	3	3	3	$\times 10^3$	
黄	4	4	4	$\times 10^4$	
绿	5	5	5	$\times 10^5$	±0.5%
蓝	6	6	6	$\times 10^6$	±0.25%
紫	7	7	7	$\times 10^7$	±0.1%
灰	8	8	8	$\times 10^8$	±0.05%
白	9	9	9	$\times 10^9$	
黑		0	0	$\times 10^0$	

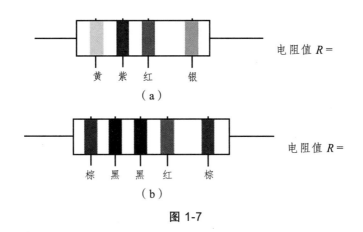

电阻值 $R =$

黄　紫　红　　银

（a）

电阻值 $R =$

棕　黑　黑　红　棕

（b）

图 1-7

（3）如何用指针万用表检测电阻的好坏及阻值大小？

（四）认识变压器

（1）观察教师提供的多个变压器，写出规格，找出满足本实训需要的变压器，并判断输入输出端。

（2）对变压器进行测量，并将结果填写在表 1-8 中。

表 1-8　变压器测量结果

序号	操作步骤	现象及测量结果
1	外观检查	
2	用兆欧表测量绝缘电阻，如无兆欧表则用万用表估测	
3	用万用表检查线圈通断	

二、认识整流电路和滤波电路

（一）整流电路

整流电路是利用二极管的单向导电特性，将正负交替的正弦交流电压变换成单方向的脉动电压。在小功率直流电源中，经常采用单相全波和单相桥式整流电路。单相桥式整流电路用得最为普遍。

（1）图 1-8 为单相半波整流电路，请补充 U_d 的输出波形，简述电路工作原理。

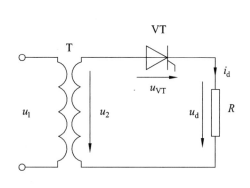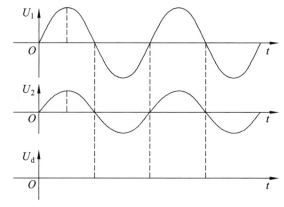

图 1-8 单相半波整流电路

（2）图 1-9 为单相全波整流电路，请补充 U_d 的输出波形，简述电路工作原理。

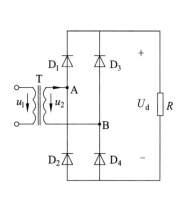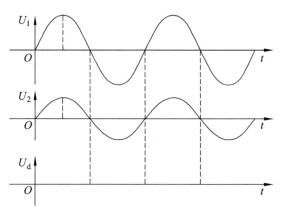

图 1-9 单相全波整流电路

（二）滤波电路

前面提到的整流电路输出的脉动性直流既有直流成分又有交流成分。要获得平滑的直流电，需要对整流后的波形进行整形。用来对波形整形的电路成为滤波电路。滤波电路利用电容 C 充放电的特性，滤掉整流电路输出电压中的交流成分，保留其直流成分，达到平滑输出电压波形的目的。一般滤波电容是采用电解电容器，使用时电容的极性不能接反。电容的耐压应大于它实际工作时所承受的最大电压，即大于 $\sqrt{2}U_2$。常用的几种电容滤波电路如图 1-10所示，简述这几种滤波电路各自的特点。

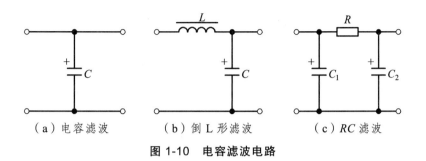

（a）电容滤波　　　　　（b）倒 L 形滤波　　　　（c）RC 滤波

图 1-10　电容滤波电路

图 1-11 所示为单相半波整流电容滤波电路和其输出波形图，试分析该电路的工作过程。

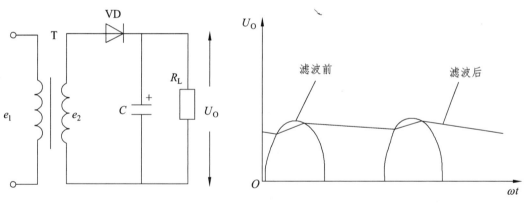

图 1-11　单相半波整流电容滤波电路

三、 直流电源电路原理分析

与半波整流滤波电路相比，由于电容的充放电过程缩短，电源电压半个周期重复一次，输出电压的波形更为平滑，输出的直流电压幅度也更高些。同样，放电时间常数 $\tau = R_LC$，在 R_L 不变的情况下，C 越大，τ 越大，则电容 C 放电越慢，波形越平滑。

（1）在直流电源模块上测量以下几个参数，并填入表 1-9 中。

表 1-9　直流电源模块参数测量结果

整流电路形式	输入交流电压	输入交流电压		整流器件上电压和电流	
		负载开路时电压	带负载时电压		
桥式整流	U_2	$\sqrt{2}U_2$	$1.2U_2$	最大反向电压 $URM = \sqrt{2}U_2$	$I_F = I_L/2$

注：U_2 为变压器次级电压的有效值。

（2）如果桥式电路中，有一个二极管接反会出现什么情况？电解电容接反会出现什么情况？

四、 XJ4315 双踪示波器的使用

双踪示波器是一种能同时直接观察和显示两个被测信号的综合性测量仪器，可以用于定性观察电路的动态过程（如电压、电流等的变化过程），定量测量各种电参数（如幅值、频率、相位）等，是电工、电子电路测量与调试中的一种重要的仪器设备。

（一）使用方法

接通电源后，调到合适的亮度，调节 X 和 Y 位移旋钮，使扫描线回到屏幕中央；调节聚焦，使扫描线最细。拉出校准开关，将 Y 输入接于内置方波校准信号进行校准。

1）信号电压幅度的测量

测量时，将信号在 Y 轴方向所占格数乘以所选择的垂直灵敏度（VOLTS/DIV）刻度值，

即为电压幅值：$U = DIV$（格数）$\times$（VOLTS/DIV）。若用 10∶1 探头（带有 10 倍衰减器），该数值应再乘以 10。置 DC 位时，可测直流电压值。

2）信号时间（周期）的测量

测量时，将信号一个周期在 X 轴方向所占格数乘以所选择的水平灵敏度（TIME/DIV）刻度值，即为信号周期 T，$T = DIV$（格数）$\times$（TIME/DIV）。

3）信号频率的测量

周期的倒数即为频率。

4）时间差（相位）测量

按下交替/断续键（ALT CHOP），两被测信号分别从 CH1、CH2 输入，使两路波形同时稳定出现在屏幕上，直接读出两信号之间的时间（相位）差。

（二）注意事项

（1）示波器开关机前，先将辉度旋钮置于最小。

（2）使用时，辉度不要过高，以免损坏示波管。

（3）测量高电压时，必须用分压电路，不可串联电阻。

（三）训练内容

练习测量幅值、频率、相位差，并按表1-10所示内容给出评分。

表1-10　评分表

项目内容	配分	评分标准		扣分
基本操作	50	不正确，每次扣 10 分		
参数测量与分析	50	1. 不会测量，每项扣 20 分 2. 测量结果错误，每项扣 10 分		
安全与文明生产		违反安全文明生产规程每次扣 5～40 分		
定额时间 30 min		每超时 1 min 扣 5 分		
备注		除定额时间外，各项内容的最高扣分不应超过配分数	成绩	
开始时间			结束时间	实际时间

五、电烙铁的使用

（一）认识电烙铁

电烙铁是焊接电子元器件的重要工具，直接影响着焊接的质量。电烙铁从结构上分为外热式和内热式两种，常用的有 75 W、45 W、25 W、20 W 等功率值。选择电烙铁应根据焊接任务的不同选用不同功率的电烙铁。新的电烙铁使用前要进行"上锡"。首先将烙铁头锉干净，然后把电烙铁通电加热，预热一会儿后将烙铁头涂上松香，再用烙铁头将焊锡丝熔化，使烙铁头上薄薄地镀上一层锡。防止电烙铁长时间加热后因氧化被"烧死"，不再"吃锡"。

一般选用 30～35 W 的电烙铁。通电后，在温升的过程中，给烙铁头部上锡。焊接时应让烙铁头加热到温度高于焊锡熔点，并掌握正确的焊接时间。一般不超过 3 s。时间过长会使印制电路板上的薄铜翘起，损坏电路板及电子元器件。

焊接时焊锡要适量，焊锡太多易引起搭焊短路，太少则使元件焊接不牢固。焊接时不可将烙铁头在焊点上来回移动或用力下压，要想焊得快、焊得好，应加大烙铁和焊点的接触面。增大传热面积，快速焊接。另需要注意的是，温度过低、烙铁与焊接点触的时间太短，会造成热量供应不足，焊点锡面不光滑，结晶粗脆，像豆腐渣一样不牢固，形成虚焊和假焊。反之，焊锡易流散，使焊点锡量不足，也容易不牢，还可能烫坏电子元件及印制电路板。总之，焊锡量要适中，即将焊点零件脚全部浸没，其轮廓又隐约可见。焊点焊好后，拿开烙铁，焊锡还不会立即凝固，应稍停片刻等焊锡凝固，如未凝固前移动焊接件，焊锡会凝成砂装，造成附着不牢固而引起假焊。

具体的操作可看图 1-12 所示的元器件引线成形图例、图 1-13 所示的 5 步焊接法和图 1-14 所示的焊料量的控制。

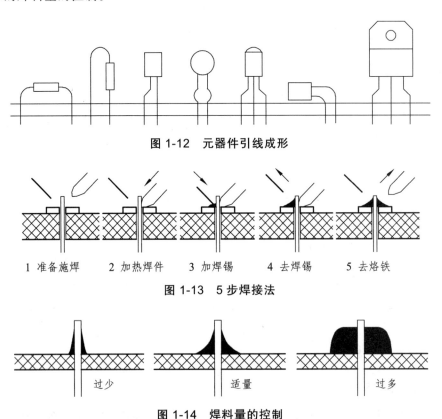

图 1-12　元器件引线成形

1 准备施焊　　2 加热焊件　　3 加焊锡　　4 去焊锡　　5 去烙铁

图 1-13　5 步焊接法

过少　　　　适量　　　　过多

图 1-14　焊料量的控制

（二）巩固练习

（1）查阅实训室所提供的的电烙铁使用说明书并观看实物，描述电烙铁的结构、使用方法及辅助工具。

（2）观看实训指导教师操作电烙铁后，根据实训室所提供的元件进行焊接练习，并总结焊接步骤。

六、绘制直流电源模块的元件布局图

七、制订工作计划

制订工作计划，填写表 1-11。

表 1-11 "直流电源的安装与调试"工作计划

一、人员分工

1. 小组负责人：
2. 小组成员分工

姓名	分工

二、工具及材料清单

序号	工具或材料名称	数量	单位	备注

三、工序及工期安排

序号	工作内容	完成时间（工时）	备注

四、安全防护措施

八、评　价

以小组为单位，展示本组制订的工作计划。然后在教师点评基础上对工作计划进行修改完善，并根据表1-12所示的评分标准进行评分。

表 1-12　评分表

评价内容	分值	评分		
		自我评价	小组评价	教师评价
计划制订是否有条理	10			
计划是否全面、完善	10			
人员分工是否明确	10			
任务要求是否明确	20			
工具清单是否正确、完整	20			
材料清单是否正确、完整	20			
团结协作	10			
合计				

学习活动三　现场施工

【学习目标】

（1）能正确识别、检测电子元器件。
（2）能按照图纸、工艺要求、安全规范安装元器件并正确接线。
（3）能正确完成电路的通电试车。
（4）施工完毕能清理现场，能正确填写工作记录并交付验收。

【学习课时】

5 课时

【学习过程】

一、基本操作工艺描述

对照元件清单选取元件，并用万用表测判器件质量→清除元器件氧化层并搪锡→连接导线搪锡→对照电路原理图在万能板上合理布局安装电路元件→焊接电路元件→清扫现场。

（1）根据元件清单配齐元器件，并用万用表检查元件的性能及好坏。

（2）清除元件的氧化层，并搪锡（对已进行预处理的新器件不搪锡）。

（3）剥去电源连线及负载连接线端的绝缘，清除氧化层，加以搪锡处理。

（4）合理布局电路元器件。

（5）安装二极管、电解电容，注意极性。

（6）元器件安装完毕经检查无误后，进行焊接固定。

在安装过程遇到了哪些问题？你是如何解决的？请记录在表 1-13 中。

表 1-13　安装过程中遇到的问题

所遇到问题	解决方法

二、安装完毕后进行自检和互检

电路安装完毕，分别在断电和通电情况下进行自检和互检，根据测试内容，填写表 1-14。

表 1-14　电路自检和互检记录

序号	测试内容	自检情况记录	互检情况记录
1	变压器初级端输入电压		
2	变压器次级端输出电压		
3	电解电容开路时的电压		
4	滤波后的电压		

三、通电调试

基本调试步骤：安装电源、检查各元器件的焊接质量、通电调试、测量。

（1）将变压器次级引入万能线路板上并焊接，变压器的初级 AC 220 V 引线端通过密封型保险丝座和电源插头线连接。

（2）检查各元器件有无虚焊、错焊、漏焊及各引线是否正确、有无疏漏和短路。

自检及互检无误后，经教师同意，按上述步骤通电调试，测量相关监测点电压、波形等技术参数是否正常，若存在故障，及时处理。调试成功后，清理工作现场，交付验收人员检查。

通电调试过程中，若有异常现象，应立即断电，按照检修步骤进行检查。各小组要互相交流，将各自遇到的故障现象、故障原因和处理方法记录在表 1-15 中。

表 1-15　调试步骤记录表

测试内容	测试数据	测试结果		记录故障现象	记录检修部位
		自检	互检		

四、项目验收

（1）由各小组派出代表进行交叉验收，并将详细验收记录填写在表 1-16 中。

表 1-16　验收过程记录表

问题记录	整改措施	完成时间	备注

（2）以小组为单位认真填写直流电源的安装调试任务验收报告（见表 1-17），并将工作任务联系单填写完整。

表 1-17　直流电源的安装调试任务验收报告

工作项目名称			
建设单位		联系人	
地址		电话	
施工单位		联系人	
地址		电话	
项目负责人		施工周期	
工程概况			
现存问题		完成时间	
改进措施			
验收结果	主观评价	客观评价	施工质量	材料移交

五、评　价

以小组为单位，展示本小组安装成果。根据表 1-18 所示评分标准进行评分。

表 1-18　评分表

评价项目		评价标准	分值	评分		
				自我评价	小组评价	教师评价
电路装配	元器件安装	1. 电阻阻值识别与测量，安装位置正确 2. 二极管极性识别与质量测量，安装位置正确 3. 电解电容极性判断，安装位置正确	10分			
	布线	1. 布局合理、紧凑 2. 导线横平竖直，转角成直角，无交叉 3. 元器件间连接关系和电路原理图一致	10分			
	插件	1. 电阻器、二极管水平安装，贴近电路板 2. 元器件安装平整、对称 3. 按图装配，元器件的位置、极性正确	20分			
	焊接	1. 焊点光亮、清洁、焊料适量 2. 布线平直 3. 无漏焊、虚焊、假焊、搭焊等现象 4. 焊接后元器件引脚剪角留头长度小于 1 mm	20分			

评价项目	评价标准		分值	评分		
				自我评价	小组评价	教师评价
电路测试	总装	1. 总装符合工艺要求 2. 导线连接正确，绝缘恢复良好 3. 不损伤绝缘层和元器件表面涂覆层 4. 紧固件牢固可靠	10 分			
	测试	1. 按测试要求和步骤正确测量 2. 正确使用万用表 3. 正确使用示波器观察波形	25 分			
安全文明		1. 安全用电，不人为损坏元器件、工件和设备 2. 保持工作环境清洁、秩序井然，操作习惯良好	5 分			
合计						

学习活动四 总结与评价

【学习目标】

（1）能以小组为单位，对学习过程和学习成果进行汇报总结。

（2）完成对学习过程的综合评价。

【学习课时】

4 课时

【学习过程】

一、工作总结

以小组为单位，选择 PPT、录像等形式，向全班展示、汇报学习成果。

二、综合评价（见表 1-19）

表 1-19 评分表

评价项目	评价内容	评价标准	评价方式		
			自我评价	小组评价	教师评价
职业素养	安全意识、责任意识	A 等：作风严谨、自觉遵章守纪、出色完成工作任务 B 等：能够遵守规章制度、较好完成工作任务 C 等：忽视规章制度、没完成工作任务 D 等：不遵守规章制度、没有完成工作任务			

电子技术与实训

评价项目	评价内容	评价标准	评价方式		
			自我评价	小组评价	教师评价
职业素养	学习态度	A 等：积极参与教学活动，全勤 B 等：缺勤达到本任务总学时的 10% C 等：缺勤达本任务总学时的 20% D 等：缺勤达本任务总学时的 30%			
	团队合作意识	A 等：与同学协作融洽，团队合作意识强 B 等：与同学能沟通，协同工作能力较强 C 等：与同学能沟通，协同工作能力一般 D 等：与同学沟通困难，协同工作能力较差			
专业能力	学习活动 1：明确工作任务	A 等：按时、完整地完成工作页，问题回答正确 B 等：按时、完整地完成工作页，问题回答基本正确 C 等：未能按时完成工作页，或内容遗漏、错误较多 D 等：未完成工作页			
	学习活动 2：施工前的准备	A 等：学习活动评价成绩为 90～100 分 B 等：学习活动评价成绩为 75～89 分 C 等：学习活动评价成绩为 60～74 分 D 等：学习活动评价成绩为 0～59 分			
	学习活动 3：现场施工	A 等：学习活动评价成绩为 90～100 分 B 等：学习活动评价成绩为 75～89 分 C 等：学习活动评价成绩为 60～74 分 D 等：学习活动评价成绩为 0～59 分			
创新能力		在学习过程中提出具有创新性、可行性的方法、建议	加分奖励：		
班级		学号			
姓名		综合评价等级			
教师		日期			

项目二　单相交流调压电路的装接与调试

一、学习目的

（1）能通过阅读工作任务单和现场勘查明确工作任务。

（2）能识读和正确检测晶闸管、单结晶体管等元器件。

（3）能识读单相交流调压电路原理图、设计电路的布局走线。

（4）能正确使用焊接工具，按照相关工艺规范完成电子元器件焊接。

（5）能正确使用仪器仪表检测电路安装的正确性，按照作业指导书完成通电调试。

（6）会使用 Proteus 绘制电路图并仿真。

（7）能正确填写验收相关技术文件，完成项目验收，并按照现场管理规定清理施工现场。

二、建议课时

12 课时

三、工作情景描述

大家知道我们平时使用的调光台灯是怎么工作的吗？现在我们就动手做一个调压模块，线路原理图如图 2-1 所示。

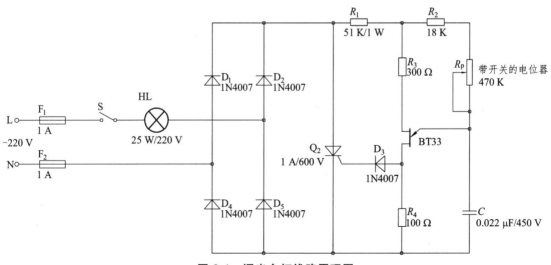

图 2-1　调光台灯线路原理图

四、工作流程与活动

（1）明确工作任务。

（2）施工前的准备。

（3）现场施工。

（4）总结与评价。

学习活动一 明确工作任务

【学习目标】

（1）能通过阅读工作任务单，明确工作内容、工时等要求。

（2）能描述单相交流调压电路的基本组成及各部分功能。

【学习课时】

1课时

【学习过程】

一、阅读工作任务联系单（见表 2-1）

表 2-1　工作任务联系单

年　　月　　日　　　　　　　　　　　　　　　　　　　　No

类别：			
安装地点	机电实训中心 4-204 室		
安装项目	按照线路原理图安装一个调光台灯中的的单相交流调压电路模块，并要在 3 h 内安装完成电路板的装接调试		
需求原因	实训直流电供给		
申报时间		完工时间	
申报单位	机电教研室	安装单位	班级　　组
申报人		承办人	
申报人联系电话		承办人联系电话	
验收意见	安装调试工作态度是否端正：是□，否□ 系统是否工作正常：是□，否□ 是否按时完成：是□，否□ 客户评价：非常满意□，基本满意□，不满意□ 客户意见或建议： 客户签章：		

二、单相交流调压电路

单相交流调压电路由两部分组成：可控整流电路与脉冲单元电路（即弛张振荡器）。各部分功能如下：

可控整流电路：通过控制晶闸管触发角的大小和导通与关断，可改变输出的直流平均值电压的大小。

脉冲单元电路：利用单结晶体管的负阻特性和 *RC* 电路的充放电特性，组成频率可调的振荡电路，产生晶闸管的出发脉冲。

三、操作练习

查阅资料，指出图 2-1 所示的调光台灯线路原理图中各符号的意义。

学习活动二　施工前的准备

【学习目标】

（1）认识晶闸管和单结晶体管。

（2）能正确识读电路原理图，分析各部分的工作原理。

（3）能正确使用万用表、电烙铁、示波器等仪器仪表。

（4）能正确绘制布局图。

（5）能根据任务要求和实际情况，合理制订工作计划。

【学习课时】

4 课时

【学习过程】

首先请结合原理图认识晶闸管和单结晶体管，并通过教材中的实验了解晶闸管和单结晶体管的功能特点，然后根据各电子元件的功能特点，用指针万用表对各电子元件的好坏和极性进行判别。同样，以实验的方式认识可控整流电路、脉冲单元电路，接着分析单相交流调压电路的工作原理，并用 Proteus 软件绘图仿真。最后，制订本任务的工作计划。

一、认识电子元件

根据线路原理图，填写表 2-2 所示的元件清单。

表 2-2　元件清单

元器件	类型	规格/型号	标识值	特点/用途

（一）认识晶闸管

晶闸管又称为可控硅，是一种由硅单晶材料制成的大功率半导体器件。有 3 个极：阳极（A）、阴极（K）和控制极（G）；其管芯由 4 层半导体材料组成，具有 3 个 PN 结。 晶闸管具有硅整流器件的特性，能在高电压、大电流条件下工作，且其工作过程可以控制，被广泛应用于可控整流、交流调压、无触点电子开关、逆变及变频等电子电路中。

（1）查阅资料，说出下列晶闸管型号代表的含义。

3CT-5/500：

KP100-12G：

（2）晶闸管的主要技术参数有哪些？

（3）认识晶闸管管的工作特性，依次按图 2-2 所示电路接线，并填写实验现象和总结。

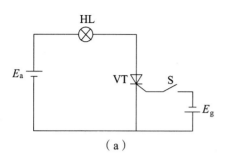

（a）

实验现象：

实验总结：

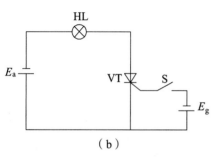

（b）

实验现象：

实验总结：

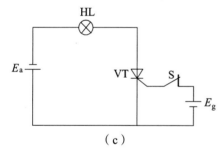

（c）

实验现象：

实验总结：

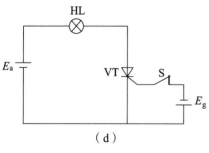

（d）

实验现象：

实验总结：

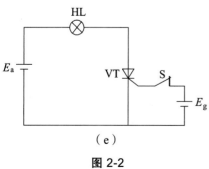

（e）

实验现象：

实验总结：

图 2-2

（4）用指针万用表检测晶闸管的好坏并判断极性，如图1-4所示。

可用万用表的R×1K或R×100挡测量任意两极之间的正、反向电阻，如果找到一对极的电阻为低阻值（100Ω～1kΩ），则此时黑表笔所接的管脚为控制极，红表笔所接的管脚为阴极，另一个管脚为阳极。晶闸管共有3个PN结，我们可以通过测量PN结正、反向电阻的大小来判别它的好坏。测量控制极（G）与阴极（C）之间的电阻时，如果正、反向电阻均为零或无穷大，表明控制极短路或断路；测量控制极（G）与阳极（A）之间的电阻时，正、反向电阻读数均应很大；测量阳极（A）与阴极（C）之间的电阻时，正、反向电阻也都应该很大。

用万用电表R×1K挡分别测量A-K、A-G间正、反向电阻；用R×10Ω挡测量G-K正、反向电阻，将结果记录在表2-3中。

表2-3　晶闸管测量结果

R_{AK}/kΩ	R_{KA}/kΩ	R_{AG}/kΩ	R_{GA}/kΩ	R_{GK}/kΩ	R_{KG}/kΩ	结论

（二）认识单结晶体管

单结晶体管（简称UJT）又称双基极二极管，它是一种只有一个PN结和两个电阻接触电极的半导体器件；有3个电极，分别是发射极和两个基极。具体符号和外形如图2-3所示。

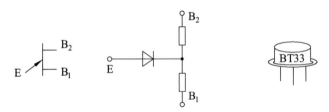

E—发射极；B_1—第一基极；B_2—第二基极。

图2-3　单结晶体管符号和外形

（1）查阅资料，简述单结晶体管的主要参数有哪些？

（2）用万用表检测单结晶体管。

首先判别发射极E和第一基极B_1。E对第二基极B_2相当于一个二极管，B_1和B_2之间相当于一个固定电阻。用万用表R×100挡将红、黑表笔分别接单结晶体管任意两个管脚，测读其电阻；接着对调红黑表笔，测读电阻。若第一次测得电阻值小，第二次测得电阻值大，则第一次测试时黑表笔所接的管脚为E极，红表笔所接管脚为B极，另一管脚也是B极。E

极对另一个 B 极的测试情况同上。若两次测得的电阻值都一样，约为 2～10 kΩ，那么这两个管脚都为 B 极，另一个管脚为 E 极。其次，确定 B_1 和 B_2 极。由于单结晶体管在结构上 E 靠近 B_2，故 E 对 B_1 的正向电阻比 E 对 B_2 的正向电阻要稍大一些，测读 E 与 B_1、E 与 B_2 的正向电阻值，即可区别第一基极 B_1 和第二基极 B_2。不过准确地判断哪极是 B_1，哪极是 B_2 在实际使用中并不特别重要。即使 B_1、B_2 用颠倒了，也不会使管子损坏，只会影响输出脉冲的幅度（单结晶体管多作脉冲发生器使用），当发现输出的脉冲幅度偏小时，只要将原来假定的 B_1、B_2 对调过来就可以了。

用万用表 R×1K 挡分别测量 E-B_1、E-B_2、B_1-B_2 间正、反向电阻，将结果记录在表 2-4 中。

表 2-4　单结晶体管测量结果

R_{EB1}/kΩ	R_{B1E}/kΩ	R_{EB2}/kΩ	R_{B2E}/kΩ	R_{B1B2}/kΩ	R_{B1B2}/kΩ	结论

二、电路分析

（一）可控整流电路（见图 2-4）

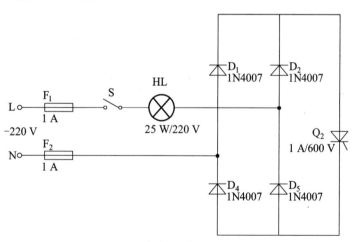

（a）电路图

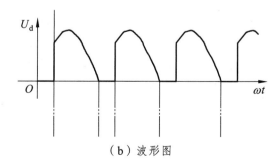

（b）波形图

图 2-4　可控电路及输出波形

在开关闭合前，晶闸管为关断状态，当开关 S 闭合时，在上半周期，且触发角未到达时，其输出电压为零。当在特定时刻有触发脉冲时，晶闸管 Q_2 开始导通，此时其输出波形与输入波形相同。当输入电压过零时，流过晶闸管的电流也为零，此时晶闸管关断，从而进入下半周期。在触发角到达前，输出波形也为零，在触发角到达时，输入与输出波形大小相同相位相反，以后重复此过程，得到如图 2-4（b）所示输出电压波形。所以通过改变触发角的大小，可以改变输出的直流平均电压的大小。

（二）脉冲单元电路（见图 2-5）

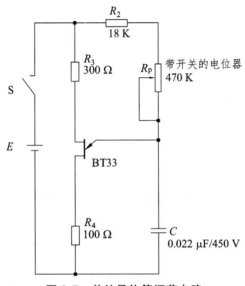

图 2-5　单结晶体管振荡电路

脉冲单元电路即单结晶体管振荡电路。其工作原理为：接通电源开关 S，此时有两路电流流通。一路电流 I_R 经电阻 R_2、R_P 对电容 C 进行充电，充电时间常数为 RC（$R = R_2 + R_P$），电容 C 上的电压 U_C 按指数规律上升。另一路电流 I_2 从 R_3 经 B_1、B_2 流向 R_4，一般只有几毫安。在电容电压上升到管子的峰值电压 U_P 以前，单结晶闸管 VT 截止，所以当电容 C 处于充电过程时，R_4 两端没有脉冲输出。当 U_C 上升到 U_P 时，管子 E-B_1 结突然导通，电容 C 通过 E-B_1 结和 R_4 回路放电，由于管子导通后 R_{B1} 急剧减小，R_4 又很小，所以起始电流很大，I_E 由几微安跃变到几十毫安，使 R_4 两端电压 U_4 产生跳变。随着电容的放电，U_C 按指数规律下降，降到谷点电压 U_V 时，管子又重新截止，放电过程结束，I_E 约等于零，R_4 两端的电压出现负跳变，完成了一个脉冲过程。放电过程结束的瞬间，电源 E 又向电容 C 重新充电，开始了第二次充放电过程，产生第二个输出脉冲。周而复始地重复振荡，就获得了电容 C 上电压 U_C 呈现的连续锯齿波和负载电阻 R_4 上的电压 U_4 呈现的间断尖顶脉冲波。

根据单结晶体管振荡电路的工作原理，用示波器分别观察图 2-5 的射极电压 U_E 和 R_4 的输出电压 U_4 的波形，并记录波形图。

（三）综合练习

结合可控整流电路和单结晶体管振荡电路的工作原理，试分析单相交流调压电路的工作原理。

三、Proteus 软件绘图仿真

Proteus 软件是英国 Lab Center Electronics 公司研发的 EDA 软件，Proteus 软件不仅具有其他 EDA 工具软件的仿真功能，还能仿真单片机及外围器件。Proteus 从原理图布局、代码调试到单片机与外围电路协同仿真，可一键切换到 PCB 设计，真正实现了从概念到产品的完整设计。Proteus 是目前世界上唯一将电路仿真软件、PCB 设计软件和虚拟模型仿真软件三合一的设计平台。

（一）制图界面

Proteus 软件绘图仿真基本制图界面如图 2-6 所示，主要由 3 个窗口构成。

1. 原理图编辑窗口（The Editing Window）

原理图编辑窗口用于绘制编辑原理图。元件要放到可编辑区里面。注意，这个窗口是没有滚动条的，你可用预览窗口来改变原理图的可视范围。同时，它的操作不同于常用的 WINDOWS 应用程序，正确的操作是：中键放缩原理图；左键放置元件；右键选择元件；双击右键删除元件；先右键后左键编辑元件属性；先右键后左键拖动元件；连线用左键，删除用右键。

2. 预览窗口（The Overview Window）

预览窗口可显示两个内容：一是显示在对象选择器中选中元件的预览图；二是显示鼠标落在原理图编辑窗口时(即放置元件到原理图编辑窗口后或在原理图编辑窗口中点击鼠标后)

整张原理图的缩略图，缩略图中有一个绿色方框，方框里面的内容就是当前原理图窗口中显示的内容，因此，可用鼠标点击来改变绿色方框的位置，从而改变原理图的可视范围。

3. 对象选择器（The Object Selector）

对象选择器用于挑选元件（components）、终端接口（terminals）、信号发生器（generators）、仿真图表（graph）等。例如，当需要选择"元件（components）"时，单击"P"按钮会打开选择元件对话框，选中一个元件后（单击"OK"），该元件会在对象选择器（元件列表）中显示，以后要用到该元件时，只需在对象选择器中选择即可。

三个窗口，七组按钮

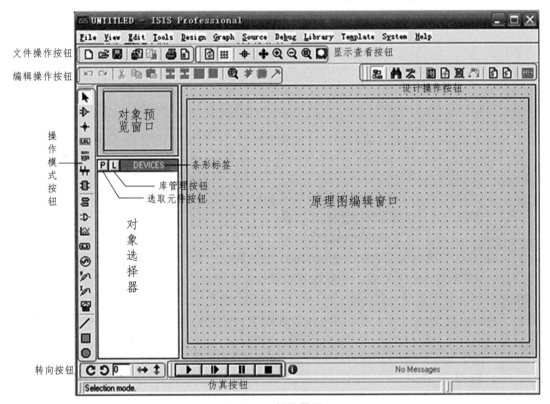

图 2-6　制图界面

（二）按钮介绍

1. 主要模式（Main Modes）按钮

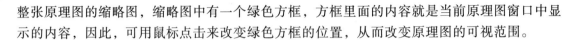：选择元件（components）（默认的选择）。

：放置连接点。

：放置标签（用总线时会用到）。

：放置文本。

⊥⊥：用于绘制总线。

⊪：用于放置子电路。

⬆：用于即时编辑元件参数（先单击该图标再单击要修改的元件）。

2. 工具（Gadgets）按钮

⊟：终端接口（terminals），有 VCC、地、输出、输入等接口。

⊐▷：器件引脚：用于绘制各种引脚。

⥮：仿真图表（graph），用于各种分析，如 Noise Analysis。

⊡：录音机。

Ⓢ：信号发生器（generators）。

╱：电压探针，使用仿真图表时会用到。

╱：电流探针，使用仿真图表时会用到。

⊡：虚拟仪表，如示波器等。

3. 仿真工具栏按钮

▶：运行。

▶：单步运行。

❚❚：暂停。

■：停止。

（三）操作练习

下面以图 2-7 所示电路为例说明 Proteus ISIS 交互式仿真的过程。

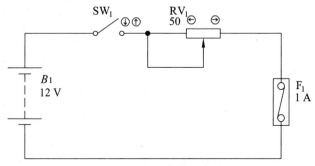

图 2-7 交互式仿真电路

电路所需元器件如表 2-5 所示。

表 2-5　元器件列表

元件名	类	子类	备注	数量	参数
battery	Simulator Primitives	Sources	电池	1	12 V
fuse	Miscellaneous		活性，可显示熔丝熔断	1	1 A
pot-lin	Resistors	Variable	可变电阻	1	50 Ω
switch	Switches & Relays	Switches	开关，可单击操作	1	

1. 创建一个新的设计文件

首先进入 Proteus ISIS 编辑环境，选择【File】→【New Design】菜单项，在弹出的模板对话框中选择 DEFAULT 模板，并将新建的设计保存在文件夹内，保存文件名为"图 2-7"。

2. 设置工作环境

打开【Template】菜单，对工作环境进行设置。在本例中，仅对图纸进行设置，其他项目使用系统默认的设置。选择【System】→【Set Sheet Sizes】菜单项，在出现的对话框中选择 A4 复选框，单击"OK"按钮确认，即可完成页面设置。

3. 拾取元器件

选择【Library】→【Pick Device/Symbol】菜单项，出现元件拾取对话框，如图 2-8 所示。

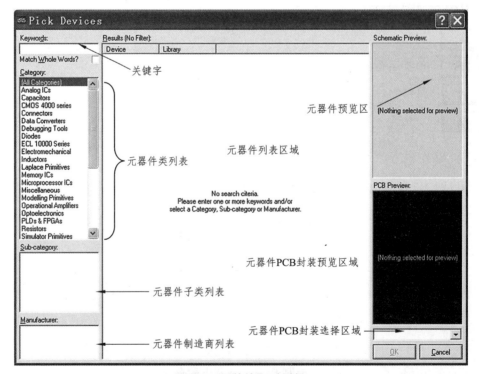

图 2-8　元件拾取对话框

4. 在原理图中放置元器件

在当前设计文档的对象选择器中添加元器件后，就要在原理图中放置元器件了。下面以放置 FUSE 为例说明具体步骤。

（1）选择对象选择器中的 FUSE 元器件，在 Proteus ISIS 编辑环境主界面的预览窗口将出现 FUSE 的图标。

（2）在编辑窗口双击鼠标左键，元器件 LAMP 被放置到原理图中。

（3）按照上述步骤，分别将 BATTERY、POT-LIN、SWITCH 元器件放置到原理图中。

（4）将光标指向编辑窗口的元器件，并单击该对象使其高亮显示。

（5）拖动该对象到合适的位置。

（6）调整好所有元器件后，选择【View】→【Redraw】菜单项，刷新屏幕，此时图纸上有了全部元器件。

5. 编辑元器件

放置好元器件后，双击相应的元器件，即可打开该元器件的编辑对话框。下面以 FUSE 的编辑对话框为例，详细介绍元器件的编辑方式。FUSE 元器件的编辑步骤如下。

（1）单击 FUSE 元器件，FUSE 将高亮显示。

（2）再次单击 FUSE 元器件，弹出对话框，编辑该元器件。

Component Reference：元器件在原理图中的参考号。

Hidden：选择元器件参考号是否出现在原理图中。

Resistance：FUSE 阻抗。

（3）单击"OK"按钮，结束元器件的编辑。

6. 绘制原理图

Proteus ISIS 具有智能化特点，在想要画线的时候能进行自动检测。在两个元器件间进行连线的步骤如下。

（1）单击第一个对象连接点。

（2）如果想让 Proteus ISIS 自动定出走线路径，只需单击另一个连接点；如果想自己决定走线路径，只需在希望的拐点处单击。在此过程的任一阶段，都可以按"Esc"键放弃画线。按照上述步骤，分别将 FUSE、BATTERY、POT-LIN 及 SWITCH 连线。

7. 对原理图进行电气规则检测

选择【Tools】→【Electrical Rule Check】菜单项，出现电气规则检测报告单，如图 2-9 所示。

8. 存盘及输出报表

将设计好的原理图文件存盘。同时，可使用【Tools】→【Bill of Materials】菜单项输出 BOM 文档。

9. 观测仿真运行

单击左下角的"运行"按钮，控制开关及可调电阻阻值，观察仿真运行结果。

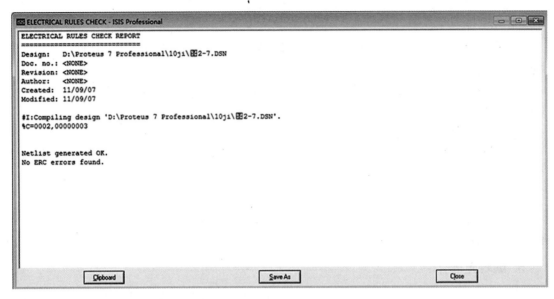

图 2-9　电气规则检测报告单

四、制订工作计划

制订工作计划，填写表 2-6。

表 2-6　工作计划

"单相交流调压电路的装接与调试"工作计划				
一、人员分工				
1. 小组负责人：				
2. 小组成员分工				

姓名	分工			

二、工具及材料清单

序号	工具或材料名称	数量	单	备注

三、工序及工期安排

序　号	工作内容	完成时间（工时）	备注

四、安全防护措施

五、评　价

以小组为单位，展示本组制订的工作计划。然后在教师点评基础上对工作计划进行修改完善，并根据表 2-7 所示评分标准进行评分。

表 2-7　评分表

评价内容	分值	评分		
		自我评价	小组评价	教师评价
计划制订是否有条理	10			
计划是否全面、完善	10			
人员分工是否明确	10			
任务要求是否明确	20			
工具清单是否正确、完整	20			
材料清单是否正确、完整	20			
团结协作	10			
合计				

学习活动三　现场施工

【学习目标】

（1）能正确识别、检测电子元器件。
（2）能按照图纸、工艺要求和安全规范安装元器件并正确接线。
（3）能正确完成电路的通电试车。
（4）施工完毕能清理现场，能正确填写工作记录并交付验收。

【学习课时】

3 课时

【学习过程】

一、基本操作工艺描述

对照元件清单，选取元件并用万用表测判器件质量→清除元器件氧化层并搪锡→连接导线搪锡→对照电路原理图在万能板上合理布局安装电路元件→焊接电路元件→清扫现场。

（1）根据元件清单，配齐元器件，并用万用表检查元件的性能及好坏。
（2）清除元件的氧化层，并搪锡（对已进行预处理的新器件不搪锡）。

（3）剥去电源连线及负载连接线端的绝缘，清除氯化层后均加以搪锡处理。

（4）合理布局电路元器件。

（5）安装晶闸管、单结晶体管、电解电容时注意极性。

（6）元器件安装完毕，经检查无误后，进行焊接固定。

在安装过程遇到哪些问题？你是如何解决的？请记录在表 2-8 中。

表 2-8　安装过程中遇到的问题

所遇到问题	解决方法

二、安装完毕后进行自检和互检

电路安装完毕，分别在断电和通电情况下进行自检和互检，根据测试内容，填写表 2-9。

表 2-9　电路自检和互检记录

序号	测试内容	自检情况记录	互检情况记录
1	元件装配的准确性及焊点质量		
2	调节 R_p，用示波器观察单结晶体管振荡电路的输出波形		
3	调节 R_p，用示波器观察照明灯两端电压的波形		

三、通电调试

基本调试步骤：安装电源、检查各元器件的焊接质量、通电调试、测量。

注意事项：

（1）电位器用螺母固定在印制电路板的孔上，电位器接线脚用导线连接到印制电路板的相应位置。

（2）灯泡安装在灯头插座上，灯头插座固定在印制板上，根据灯头插座的尺寸，在印制电路板上钻固定孔和导线串接孔。

（3）由于电路直接与 220 V 相连接，调试时应注意安全，防止触电，调试前应认真、仔细地检查各元件安装情况。最后接上灯泡，进行调试。

（4）由 BT33 组成的单结晶体和张弛振荡电路停荡可能造成灯泡不亮，或灯泡不可调光。其原因可能是 BT33 或电容损坏。

（5）电位器顺时针旋转时，若灯泡逐渐变暗，可能是电位器中心抽头接错位置。

（6）当调节电位器 R_P 至最小时，灯泡突然熄灭，则应适当增大电阻 R_4 的阻值。

自检及互检无误后，经教师同意，按上述步骤通电调试，测量相关监测点电压、波形等技术参数是否正常，若存在故障，及时处理。调试成功后，清理工作现场，交付验收人员检查。

通电调试过程中，若有异常现象，应立即断电，按照检修步骤进行检查。各小组要互相交流，将各自遇到的故障现象、故障原因和处理方法记录在表 2-10 中。

表 2-10　调试步骤记录表

测试内容	测试数据	测试结果		记录故障现象	记录检修部位
		自检	互检		

四、项目验收

（1）验收由各小组派出代表进行交叉验收，并将详细验收记录填写在表 2-11 中。

表 2-11　验收过程记录表

问题记录	整改措施	完成时间	备注

（2）以小组为单位认真填写单相交流调压电路的装接与调试任务验收报告（见表 2-12），并将工作任务联系单填写完整。

表 2-12　单相交流调压电路的装接与调试任务验收报告

工作项目名称				
建设单位		联系人		
地址		电话		
施工单位		联系人		
地址		电话		
项目负责人		施工周期		
工程概况				
现存问题		完成时间		
改进措施				
验收结果	主观评价	客观评价	施工质量	材料移交

五、评 价

以小组为单位，展示本小组安装成果。根据表 2-13 所示评分标准进行评分。

表 2-13　评分表

评价项目		评价标准	分值	评分		
				自我评价	小组评价	教师评价
电路装配	布线	1. 布局合理、紧凑 2. 导线横平竖直，转角成直角，无交叉 3. 元器件间连接关系和电路原理图一致	20 分			
	插件	1. 电阻器、二极管水平安装，贴近电路板 2. 元器件安装平整、对称 3. 按图装配，元器件的位置、极性正确	20 分			
	焊接	1. 焊点光亮、清洁、焊料适量 2. 布线平直 3. 无漏焊、虚焊、假焊、搭焊等现象 4. 焊接后元器件引脚剪角留头长度小于 1 mm	20 分			
电路测试	总装	1. 总装符合工艺要求 2. 导线连接正确，绝缘恢复良好 3. 不损伤绝缘层和元器件表面涂覆层 4. 紧固件牢固可靠	10 分			
	测试	1. 按测试要求和步骤正确测量 2. 正确使用万用表 3. 正确使用示波器观察波形	20 分			
安全文明		1. 安全用电，不人为损坏元器件、工件和设备 2. 保持工作环境清洁、秩序井然，操作习惯良好	10 分			
合计						

学习活动四　总结与评价

【学习目标】

（1）能以小组形式对学习过程和学习成果进行汇报总结。

（2）完成对学习过程的综合评价。

【学习课时】

4课时

【学习过程】

一、工作总结

以小组为单位，选择 PPT、录像等形式，向全班展示、汇报学习成果。

二、综合评价（见表 2-14）

表 2-14　评分表

评价项目	评价内容	评价标准	评价方式		
			自我评价	小组评价	教师评价
职业素养	安全意识、责任意识	A 等：作风严谨、自觉遵章守纪、出色完成工作任务 B 等：能够遵守规章制度、较好完成工作任务 C 等：忽视规章制度，没完成工作任务 D 等：不遵守规章制度、没有完成工作任务			
	学习态度	A 等：积极参与教学活动，全勤 B 等：缺勤达到本任务总学时的 10% C 等：缺勤达本任务总学时的 20% D 等：缺勤达本任务总学时的 30%			
	团队合作意识	A 等：与同学协作融洽、团队合作意识强 B 等：与同学能沟通、协同工作能力较强 C 等：与同学能沟通、协同工作能力一般 D 等：与同学沟通困难、协同工作能力较差			

评价项目	评价内容	评价标准	评价方式		
			自我评价	小组评价	教师评价
专业能力	学习活动1：明确工作任务	A等：按时、完整地完成工作页，问题回答正确 B等：按时、完整地完成工作页，问题回答基本正确 C等：未能按时完成工作页，或内容遗漏、错误较多 D等：未完成工作页			
	学习活动2：施工前的准备	A等：学习活动评价成绩为90～100分 B等：学习活动评价成绩为75～89分 C等：学习活动评价成绩为60～74分 D等：学习活动评价成绩为0～59分			
	学习活动3：现场施工	A等：学习活动评价成绩为90～100分 B等：学习活动评价成绩为75～89分 C等：学习活动评价成绩为60～74分 D等：学习活动评价成绩为0～59分			
创新能力		在学习过程中提出具有创新性、可行性的方法、建议	加分奖励：		
班级		学号			
姓名		综合评价等级			
教师		日期			

项目三　稳压电源的安装与调试

实训一　串联型可调稳压电源电路的装接与调试

一、学习目的

（1）能通过阅读工作任务单和现场勘查，明确工作任务。

（2）能正确识读和检测稳压二极管、三极管、电位器等常用电子元件。

（3）能识读直流电源电路原理图、设计电路的布局走线，并按照任务要求和相关工艺规范完成印制电路板的制作。

（4）能正确使用焊接工具，按照相关工艺规范完成电子元器件焊接。

（5）能正确使用仪器仪表检测电路安装的正确性，按照作业指导书完成通电调试。

（6）能正确填写验收相关技术文件，完成项目验收，并按照现场管理规定清理施工现场。

二、建议课时

15课时

三、工作情景描述

实训室工作台上需要一个可调的直流电源，要求电压输出范围为 7~12 V，输出电流为 0.5 A。现需要电工组按照已有的原理图选取元器件，并按工艺对该电路进行安装、调试，交付相关人员验收。串联型可调稳压电源电路原理图如图 3-1 所示。

四、工作流程与活动

（1）明确工作任务。

（2）施工前的准备。

（3）现场施工。

（4）总结与评价。

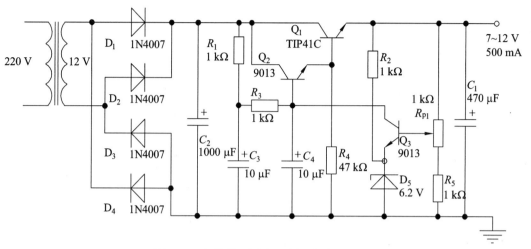

图 3-1　串联型可调稳压电源电路原理图

学习活动一　明确工作任务

【学习目标】

（1）能通过阅读工作任务单，明确工作内容、工时等要求。

（2）能描述串联型可调稳压电源的基本组成及各部分功能。

【学习课时】

1 课时

【学习过程】

一、阅读工作任务联系单（见表 3-1）

表 3-1　工作任务联系单

年　　月　　日　　　　　　　　　　　　　　　　　　No

类别：	
安装地点	机电实训中心 4-204 室
安装项目	实训室工作台上需要一个可调的直流电源，要求电压输出范围为 7~12 V，输出电流为 0.5 A。现需要电工组按照已有的原理图选取元器件，并按工艺对该电路进行安装、调试，交付相关人员验收
需求原因	实训直流电供给
申报时间	完工时间

续表

申报单位	机电教研室	安装单位	班级 组
申报人		承办人	
申报人联系电话		承办人联系电话	
验收意见	安装调试工作态度是否端正：是□，否□ 系统是否工作正常：是□，否□ 是否按时完成：是□，否□ 客户评价：非常满意□，基本满意□，不满意□ 客户意见或建议： 客户签章：		

二、认识串联型可调稳压电源电气线路（见图3-2）

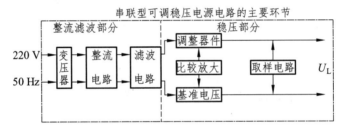

图3-2 串联型可调稳压电源电路的主要环节

查阅资料，指出图3-2中每个方框部分由哪些元件构成？

学习活动二 施工前的准备

【学习目标】

（1）能正确识别和检测串联型可调稳压电源电路中的各电子元件。

（2）能正确识读电路原理图，分析电路的工作原理及绘制元件布局图。

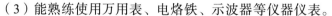

（3）能熟练使用万用表、电烙铁、示波器等仪器仪表。

（4）能根据任务要求和实际情况，合理制订工作计划。

【学习课时】

6课时

【学习过程】

首先，请结合原理图认识各电子元件，并通过教材中的实验来认识电子元件的功能特点；然后，根据各电子元件的功能特点，用指针万用表对各电子元件的好坏和极性进行判别；接着，以实验的方式认识稳压电路，分析串联型可调稳压电源电路的工作原理，并绘制元件布局图；最后，制订本任务的工作计划。

一、认识电子元件

根据线路原理图（见图3-1）列出元件清单，填入表3-2。

表3-2 元件清单

元器件	类型	规格/型号	标识值	特点/用途

（一）认识稳压二极管

稳压二极管在电路中常用"ZD"加数字表示，如：ZD5表示编号为5的稳压管。

稳压二极管的稳压原理：稳压二极管的特点就是被击穿后，其两端的电压基本保持不变。这样，当把稳压管接入电路以后，若由于电源电压发生波动，或其他原因造成电路中各点电压变动时，负载两端的电压将基本保持不变。

故障特点：稳压二极管的故障主要表现在开路、短路和稳压值不稳定。在这3种故障中，前一种故障表现为电源电压升高；后两种故障表现为电源电压变低到零伏或输出不稳定。

稳压二极管的图形和封装形式如图 3-3 所示。

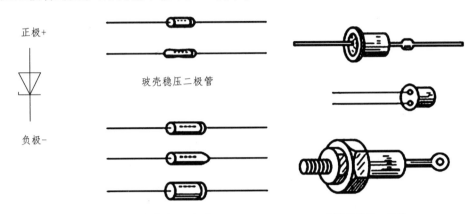

（a）稳压二极管图形　　　　　（b）稳压二极管的各种封装形式

图 3-3　稳压二极管的图形和封装形式

（1）查阅资料，说出描述稳压二极管的主要技术参数有哪些？

（2）利用所学，挑选任务中的稳压二极管，记录其型号，测量它的正反向电阻，并判断极性。

（3）用指针万用表如何区分稳压二极管和普通整流二极管？

（二）认识三极管

　　三极管的全称为半导体三极管，也称双极型晶体管、晶体三极管，是一种控制电流的半导体器件，具有电流放大、开关、反向作用。三极管是在一块半导体基片上制作两个相距很近的 PN 结，两个 PN 结把整块半导体分成三部分，中间部分是基区，两侧部分是发射区和集电区，排列方式有 PNP 和 NPN 两种。晶体管的结构和图形符号如图 3-4 所示，常见晶体管外形如图 3-5 所示。

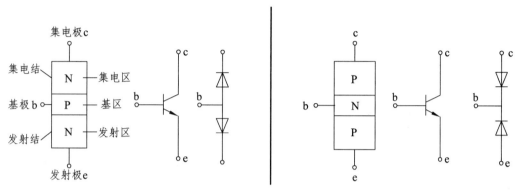

图 3-4 晶体管的结构和图形符号

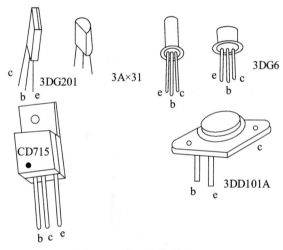

图 3-5 常见晶体管外形

（1）查阅资料，简述图 3-5 中晶体三极管的型号代表的含义。

（2）对于 NPN 型晶体管：发射结正偏，集电结反偏时，三极管处于放大状态，此时 U_c___U_b___U_e；发射结反偏，集电结反偏时，三极管处于截止状态，此时 U_b___U_e；发射结正偏，集电结正偏时，三极管处于饱和状态，此时 U_c___U_b。对于 PNP 型三极管：U_c___U_b___U_e 时，三极管处于放大状态；U_b___U_e 时，处于截止区；U_c___U_b 时，处于饱和区时。（填 >、≥、<、≤。）

（3）如何判断晶体管的3个电极（列出多种方法）？

（4）当$f \geqslant 3\ \mathrm{MHz}$时，该三极管为高频管，当$f < 3\ \mathrm{MHz}$时，该三极管为低频管。用指针万用表的电阻挡如何判别高、低频管？

（5）选取该任务中用到的三极管，对这些三极管的性能进行检测（穿透电流I_{ceo}、电流放大倍数β及稳定性），并记录。

（6）简述三极管分别在图3-6所示的3个电路中的作用。

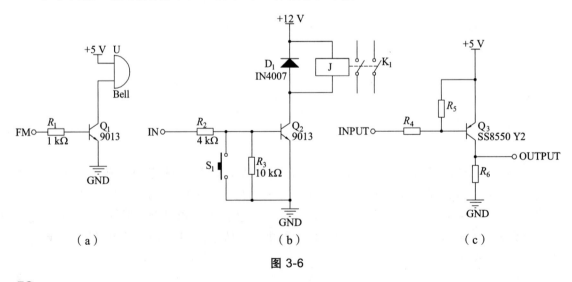

（a） （b） （c）

图 3-6

（三）认识电位器

电位器是具有 3 个引出端、阻值可按某种变化规律调节的电阻元件。电位器通常由电阻体和可移动的电刷组成。当电刷沿电阻体移动时，在输出端即获得与位移量成一定关系的电阻值或电压。常见电位器如图 3-7 所示。

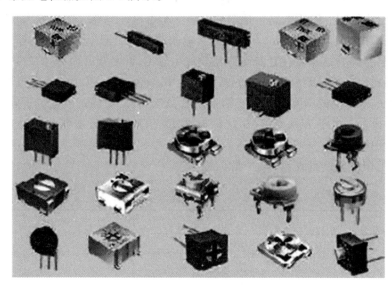

图 3-7　常见电位器

（1）利用所学，挑选任务中用到的电位器，记录型号及主要技术参数，测量它的可调电阻范围。

（2）电位器的选用原则有哪些？

二、认识稳压电路

本电路是典型的串联型直流稳压电路，调整元件串接在输入电压 U_i 与输出电压 U_o 之间。如果输出电压由于某种原因发生变化，调整元件就做相反的变化来抵消输出电压的变化，从而保持输出电压的稳定。稳压电路包括取样电路、基准电压电路、比较放大管、调整管等基本电路。稳压原理：假设某种原因（如果电网电压波动或负载电阻的变化等），使输出电压 U_o 上升，由取样电路将这一变化趋势送到比较放大管 Q_3 的基极，而 Q_3 的发射极电压由于稳压管 D_5 的作用而保持恒定，所以，Q_3 的基极电压 U_{be} 将增大，管子的集电极电流随之增大，则在负载电阻 R_1、R_3 上的压降也增大，结果使复合管 Q_1、Q_2 的基极电位下降，管子内阻增大，Q_1 的 U_{ce1} 增大，由于 $U_o = U_{b1} - U_{ce1}$（U_{b1} 为 Q_1 的基极电压），所以将造成 U_o 下降，因而保持了 U_o 的稳定。

根据上述工作原理，完成表 3-3 中的内容。

表 3-3　电路各部分功能

电路结构	功　能
取样电路	
基准电压电路	
放大比较环节	
调整控制环节	

三、分析串联型可调稳压电源电路的工作原理

图 3-1 中，$D_1 \sim D_4$ 是整流电路部分，C_1、C_2 为滤波电容，R_5、R_{P1} 组成取样电路，取输出电压变动量的一部分，送给三极管 Q_3 的基极。R_2 与稳压管 D_5 为 Q_3 的发射极提供一个基本

稳定的直流参考电压。R_{P1} 与 Q_3 将取样电路送来的输出电压变动量与基准电压进行比较，放大后，再去控制调整管 Q_1。调整管 Q_1 受比较放大部分的输出电压控制，自动调整管压降的大小，以保证输出电压稳定不变。当 R_{P1} 的滑臂向上滑动时，输出电压下降，反之，当 R_{P1} 的滑臂向下滑动时，输出电压上升。当然，可调范围是有限的，因为当取样电压过大就会使 Q_3 饱和，取样电压过小又会使 Q_3 截止，所以取样电压过大及取样电压过小都会导致稳压电路失控。

当电网电压不变，负载增大，负载电流减小，使输出电压 U_0 升高时，分析串联型稳压电路的稳压过程。

四、设计电路布局及走线

按照任务要求，本任务需要在印制电路板上完成。对于印制电路板，其布局走线与万能板有一定的区别。除了考虑整体协调和保证足够的机械强度外，还应根据电气的要求考虑线宽、间距和形状。

（一）确定线宽

印制电路板连线的宽度主要根据实际承受电流的大小决定，当线路板的敷铜厚度确定以后，即可确定印制连线的宽度，当然，应留有一定余量。对于 0.05 mm 厚度的敷铜板，其线宽和载流量之间的关系见表 3-4。

表 3-4　线宽与载流量的关系

线宽/mm	0.5	1.0	1.5	2.0
载流量/A	0.8	1.0	1.5	1.9

选择线宽应注意以下几点：
（1）印制电路板的电源线和地线载流量较大时，要适当加宽线宽。
（2）要求导线电感较小时线宽可适当加宽，要求导线电容较小时线宽可适当窄一些。
（3）同一印制电路板的导线，除特殊线外，线宽最好相同或相近，以使整体协调、美观。

根据本任务的具体情况，应选择的线宽为多少？

（二）确定间距

对于一般电路，线间距的确定主要考虑是否影响焊接及焊点间的粘连，除微型、高密度电路外，线间距一般不小于 1 mm。同一电路板上，线间距应尽量保持一致，以使印制电路板更加协调美观。

根据本任务的具体情况，布线中间间距应设为多大？

（三）选择线型和设计走线

印制导线的形状分为平直线、斜线、变宽线、弧线和折弯线。走线连接应注意以下几点：

（1）同一支线尽量串行，避免分叉过多。

（2）焊盘之间的绕行，应采用弧线，少用斜线，避免锐角。

（3）垂直拐弯时，应当用 45°线过渡。

根据以上原则，判断以下走线设计中，哪些是正确的，哪些是错误的。

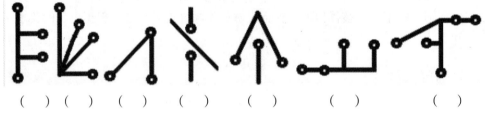

（　　）（　　）（　　）（　　）（　　）（　　）（　　）

参考图 3-8，设计本任务电路的布局走线图。

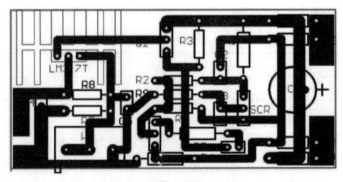

图 3-8

电路布局走线图

（四）印制电路板的制作及检查

1. 印制电路板的制作及检查

目前，在大量生产中，印制电路板都是通过机械批量完成的，但在试制阶段或在学习研究中，仍经常需要手工制作印制板。手工制作有漆图法、贴图法、铜箔粘贴法。常用的贴图法操作步骤如下：

下料→拓图→贴图→腐蚀→揭膜→清洁→打孔→涂助焊剂

（1）下料。按实际设计尺寸裁剪覆铜板，四周去毛刺。

（2）拓图。用复写纸将已设计的印制板布线图拓在干净的覆铜板的铜箔面上。注意草图拓图时正反面不要出错，印制导线用单线表示，焊盘用小圆点表示。拓双面板时，板与草图至少有三个以上的定位孔。

（3）贴图。用透明胶带纸覆盖在铜箔面，用刻刀和尺子去除拓图后留在铜箔面的图形以外的胶带纸。注意留下导线宽度以及焊盘大小尺寸，防止焊盘过小而在钻孔时使焊盘位置消失，同时压紧留下的胶带纸。

（4）腐蚀。腐蚀液一般用三氯化铁水溶液，浓度为 30%～40%，温度应适当，并用排笔轻轻刷扫，以加快腐蚀速度。待全部腐蚀后，用清水清洗。

（5）揭膜。将留在印制导线和焊盘上的胶带纸揭去。

（6）清洁。

（7）打孔。

（8）涂助焊漆。用已配好的松香酒精溶液为印制导线和焊盘涂助焊漆，使板面得到保护，并提高可焊性。

五、制订工作计划

制订工作计划，填写表3-5。

表 3-5　工作计划

"串联型可调稳压电源电路的装接与调试"工作计划

一、人员分工
1. 小组负责人：
2. 小组成员分工

姓名	分工

二、工具及材料清单

序号	工具或材料名称	数量	单位	备注

三、工序及工期安排

序号	工作内容	完成时间（工时）	备注

四、检修项目

五、安全防护措施

六、评　价

以小组为单位，展示本组制订的工作计划。然后在教师点评基础上对工作计划进行修改完善，并根据如表 3-6 所示的评分标准进行评分。

表 3-6　评分表

评价内容	分值	评分		
		自我评价	小组评价	教师评价
计划制订是否有条理	10			
计划是否全面、完善	10			
人员分工是否明确	10			
任务要求是否明确	20			
工具清单是否正确、完整	20			
材料清单是否正确、完整	20			
团结协作	10			
合计				

学习活动三　现场施工

【学习目标】

（1）能正确识别、检测电子元器件。
（2）能按照图纸、工艺要求、安全规范，安装元器件并正确接线。
（3）能用正确完成电路的通电试车。
（4）施工完毕能清理现场，能正确填写工作记录并交付验收。

【学习课时】

4课时

【学习过程】

一、基本操作工艺描述

对照元件清单，选取元件并用万用表测判器件质量→清除元器件氧化层并搪锡→连接导线搪锡→对照电路原理图在万能板上合理布局安装电路元件→焊接电路元件→清扫现场。

（1）根据元件清单，配齐元器件，并用万用表检查元件的性能及好坏。
（2）清除元件的氧化层，并搪锡（对已进行预处理的新器件不搪锡）。
（3）剥去电源连线及负载连接线端的绝缘，清除氯化层均加以搪锡处理。
（4）合理布局电路元器件。
（5）元器件安装完毕，经检查无误后，进行焊接固定。

二、操作练习

（1）安装过程遇到哪些问题？你是如何解决的？请记录在表3-7中。

表3-7　安装过程中遇到的问题

所遇到问题	解决方法

（2）电路安装完毕，分别在断电和通电情况下进行自检和互检，将测试结果填写在表 3-8 中。

表 3-8　自检和互检记录表

序号	测试内容	自检情况记录	互检情况记录
1	变压器次级端输出电压		
2	整流后的输出电压		
3	滤波后的电压		
4	取样电压		
5	基准电压		
6	输出电压范围		

三、 通电调试

基本调试步骤：安装电源、检查各元器件的焊接质量、通电调试、测量。

（1）将变压器次级引入万能线路板上并焊接，变压器的初级 AC 220 V 引线端通过密封型保险丝座和电源插头线连接。

（2）检查各元器件有无虚焊、错焊、漏焊及各引线是否正确、有无疏漏和短路。

自检及互检无误后，经教师同意，按上述步骤通电调试，测量相关监测点电压、波形等技术参数是否正常，若存在故障应及时处理。调试成功后，清理工作现场，交付验收人员检查。

通电调试过程中，若有异常现象，应立即断电，按照检修步骤进行检查。各小组要互相交流，将各自遇到的故障现象、故障原因和处理方法记录在表 3-9 和表 3-10 中。

表 3-9　自检故障记录表

故障现象	故障原因	检修思路

表 3-10　调试步骤记录表

测试内容	测试数据	测试结果		记录故障现象	记录检修部位
		自检	互检		

四、项目验收

（1）由各小组派出代表进行交叉验收，并填写详细验收记录（见表 3-11）。

表 3-11　验收过程记录表

问题记录	整改措施	完成时间	备注

（2）以小组为单位认真填写串联型可调稳压电路的装接与调试任务验收报告（见表 3-12），并将工作任务联系单填写完整。

表 3-12　串联型可调稳压电路的装接与调试任务验收报告

工作项目名称			
建设单位		联系人	
地址		电话	
施工单位		联系人	
地址		电话	
项目负责人		施工周期	
工程概况			
现存问题		完成时间	
改进措施			
验收结果	主观评价	客观评价	施工质量	材料移交

五、评　价

以小组为单位，展示本小组安装成果。根据表 3-13 所示评分标准进行评分。

表 3-13　评分表

评价项目		评价标准	分值	评分		
				自我评价	小组评价	教师评价
电路装配	元器件安装	1. 电阻阻值识别与测量，安装位置正确 2. 二极管极性识别与质量测量，安装位置正确 3. 电解电容极性判断，安装位置正确 4. 三极管性识别与质量测量，安装位置正确 5. 电位器识别与测量，安装位置正确	10分			
	布线	1. 布局合理、紧凑 2. 导线横平竖直，转角成直角，无交叉 3. 元器件间连接关系和电路原理图一致	10分			
	插件	1. 电阻器、二极管、三极管及电容器水平安装，贴近电路板 2. 元器件安装平整、对称 3. 按图装配，元器件的位置、极性正确	20分			

续表

评价项目		评价标准	分值	评分		
				自我评价	小组评价	教师评价
电路装配	焊接	1. 焊点光亮、清洁、焊料适量 2. 布线平直 3. 无漏焊、虚焊、假焊、搭焊等现象 4. 焊接后元器件引脚剪角留头长度小于 1 mm	20分			
电路测试	总装	1. 总装符合工艺要求 2. 导线连接正确，绝缘恢复良好 3. 不损伤绝缘层和元器件表面涂覆层 4. 紧固件牢固可靠	10分			
	测试	1. 按测试要求和步骤正确测量 2. 正确使用万用表 3. 正确使用示波器观察波形	25分			
安全文明		1. 安全用电，不人为损坏元器件、工件和设备 2. 保持工作环境清洁、秩序井然，操作习惯良好	5分			
合计						

学习活动四　总结与评价

【学习目标】

（1）能以小组形式，对学习过程和实测成果进行汇报总结。

（2）完成对学习过程的综合评价。

【学习课时】

4课时

【学习过程】

一、工作总结

以小组为单位，选择 PPT、录像等形式，向全班展示、汇报学习成果。

二、综合评价（见表 3-14）

表 3-14 评分表

评价项目	评价内容	评价标准	评价方式		
			自我评价	小组评价	教师评价
职业素养	安全意识、责任意识	A 等：作风严谨、自觉遵章守纪、出色完成工作任务 B 等：能够遵守规章制度、较好完成工作任务 C 等：忽视规章制度，没完成工作任务 D 等：不遵守规章制度、没有完成工作任务			
	学习态度	A 等：积极参与教学活动，全勤 B 等：缺勤达到本任务总学时的 10% C 等：缺勤达本任务总学时的 20% D 等：缺勤达本任务总学时的 30%			
	团队合作意识	A 等：与同学协作融洽、团队合作意识强 B 等：与同学能沟通、协同工作能力较强 C 等：与同学能沟通、协同工作能力一般 D 等：与同学沟通困难、协同工作能力较差			
专业能力	学习活动 1：明确工作任务	A 等：按时、完整地完成工作页，问题回答正确 B 等：按时、完整地完成工作页，问题回答基本正确 C 等：未能按时完成工作页，或内容遗漏、错误较多 D 等：未完成工作页			
	学习活动 2：施工前的准备	A 等：学习活动评价成绩为 90～100 分 B 等：学习活动评价成绩为 75～89 分 C 等：学习活动评价成绩为 60～74 分 D 等：学习活动评价成绩为 0～59 分			
	学习活动 3：现场施工	A 等：学习活动评价成绩为 90～100 分 B 等：学习活动评价成绩为 75～89 分 C 等：学习活动评价成绩为 60～74 分 D 等：学习活动评价成绩为 0～59 分			
创新能力		在学习过程中提出具有创新性、可行性的方法、建议	加分奖励：		
班级			学号		
姓名			综合评价等级		
教师			日期		

实训二　三端集成稳压电源电路的装接与调试

一、学习目的

（1）能通过阅读工作任务联系单和现场勘查，明确工作任务。

（2）能正确识读和检测三端稳压器。

（3）能识读直流电源电路原理图、设计电路的布局走线。

（4）能正确使用焊接工具，按照相关工艺规范完成电子元器件焊接。

（5）能正确使用仪器仪表检测电路安装的正确性，按照作业指导书完成通电调试。

（6）能正确填写验收相关技术文件，完成项目验收，并按照现场管理规定清理施工现场。

二、建议课时

9 课时

三、工作情景描述

随着集成电路工艺的发展，稳压电源中的调整、放大、基准、取样环节和其他附属电路大都可以制作在同一块硅片内，形成集成稳压组件，称为集成稳压电路或集成稳压器。目前生产的集成稳压器很多，但使用比较广泛的是三端集成稳压器。现需要电工组按照图 3-9 所示的原理图，制作一个由 7815 构成的稳压电源，交付相关人员验收。

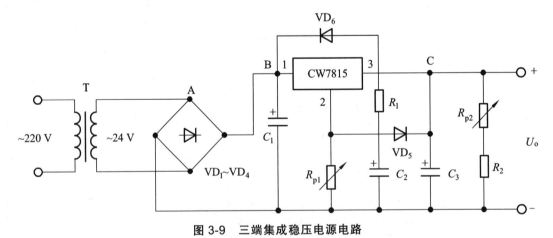

图 3-9　三端集成稳压电源电路

四、工作流程与活动

（1）明确工作任务。

（2）施工前的准备。

（3）现场施工。

（4）总结与评价。

学习活动一 明确工作任务

【学习目标】

（1）能通过阅读工作任务联系单，明确工作内容、工时等要求。
（2）能识别三端集成稳压电源电路的组成元件。

【学习课时】

1 课时

【学习过程】

一、阅读工作任务联系单（见表 3-15）

表 3-15　工作任务联系单

年　　月　　日　　　　　　　　　　　　　　No

类别：			
安装地点	机电实训中心 4-204 室		
安装项目	现需要电工组按照原理图，3 h 内制作一个三端集成稳压电源，交付相关人员验收		
需求原因	实训直流电供给		
申报时间		完工时间	
申报单位	机电教研室	安装单位	班级　　组
申报人		承办人	
申报人联系电话		承办人联系电话	
验收意见	安装调试工作态度是否端正：是□，否□ 系统是否工作正常：是□，否□ 是否按时完成：是□，否□ 客户评价：非常满意□，基本满意□，不满意□ 客户意见或建议： 客户签章：		

二、认识三端集成稳压电源电路

查阅资料，指出三端集成稳压电源电路中包含哪些元件？

学习活动二　施工前的准备

【学习目标】

（1）能正确识别和检测三端集成稳压电源电路中的各电子元件。
（2）能正确识读电路原理图，分析电路的工作原理及绘制元件布局图。
（3）能熟练使用万用表、电烙铁、示波器等仪器仪表。
（4）能根据任务要求和实际情况，合理制订工作计划。

【学习课时】

3 课时

【学习过程】

首先认识三端稳压器，了解三端稳压器的应用电路，然后分析电路工作原理，绘制元件布局图；最后制订本任务的工作计划。

一、认识电子元件

根据表 3-16 所示的元件清单配齐元件。

表 3-16　元件清单

编号	名称	参数	编号	名称	参数
T	变压器	220 V/24 V	$VD_1 \sim VD_6$	整流二极管	1N4007
C_1	电解电容	2 200 μF/50 V	C_2	电解电容	10 μF
C_3	电解电容	470 μF/25 V	R_1	电阻	200 Ω
R_2	电阻	510 Ω	CW7815	三端集成稳压器	输出 + 15 V
R_{p1}	可调电阻	4.7 kΩ	R_{p2}	可调电阻	1 kΩ

（一）认识三端稳压器

三端稳压器根据输出电压是否可调，可分成固定试三端集成稳压器和可调式三端集成稳压器，如图 3-10 所示。

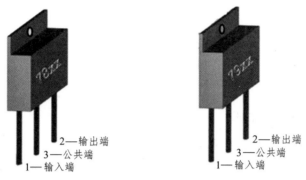

（a）W7800 系列稳压器外形 　　　（b）W7900 系列稳压器外形

图 3-10 三端稳压器外形图

（1）查阅资料，说出三端稳压器型号的含义。

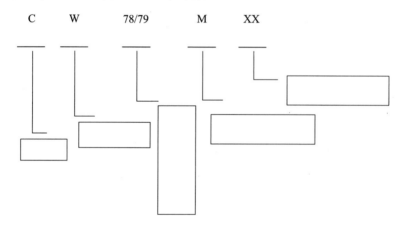

（2）三端稳压器的主要参数有哪些？

（3）从测量各引脚之间的电阻值和稳压值两方面简述三端稳压器检测方法。

（二）三端稳压器的应用

1. 固定输出电压电路（见图 3-11）

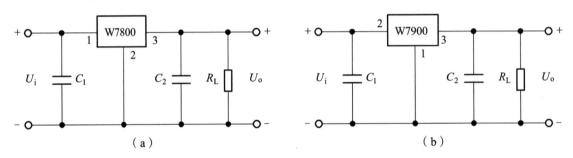

（a）

（b）

图 3-11

思考：电路中 C_1 和 C_2 的作用是什么？

2. 输出电流的扩流电路（见图 3-12）

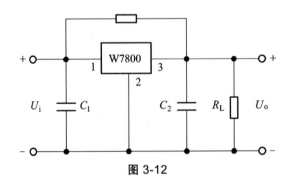

图 3-12

3. 输出电压的扩压电路（见图 3-13）

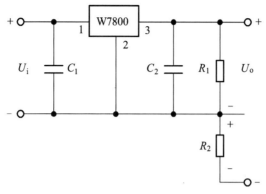

图 3-13

4. 三端可调式稳压器应用电路（见图 3-14）

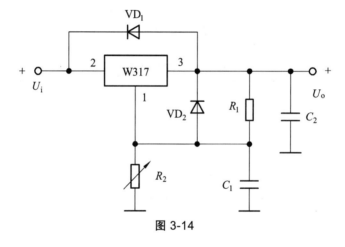

图 3-14

二、分析三端集成稳压电源电路的工作原理

三、绘制三端集成稳压电源模块的元件布局图

四、制订工作计划（见表 3-17）

表 3-17　工作计划

"三端集成稳压电源电路的装接与调试"工作计划

一、人员分工

1. 小组负责人：
2. 小组成员分工

姓名	分工

二、工具及材料清单

序号	工具或材料名称	数量	单位	备注

三、工序及工期安排

序号	工作内容	完成时间（工时）	备注

四、检修项目

五、安全防护措施

五、评 价

以小组为单位，展示本组制订的工作计划。然后在教师点评基础上对工作计划进行修改完善，并根据如表 3-18 所示的评分标准进行评分。

表 3-18　评分表

评价内容	分值	评分		
		自我评价	小组评价	教师评价
计划制订是否有条理	10			
计划是否全面、完善	10			
人员分工是否明确	10			
任务要求是否明确	20			
工具清单是否正确、完整	20			
材料清单是否正确、完整	20			
团结协作	10			
合计				

学习活动三　现场施工

【学习目标】

（1）能正确识别、检测电子元器件。
（2）能按照图纸、工艺要求、安全规范安装元器件并正确接线。
（3）能正确完成电路的通电试车。
（4）施工完毕能清理现场，能正确填写工作记录并交付验收。

【学习课时】

3 课时

【学习过程】

一、基本操作工艺描述

对照元件清单，选取元件并用万用表测判器件质量→清除元器件氧化层并搪锡→连接导线搪锡→对照电路原理图在万能板上合理布局安装电路元件→焊接电路元件→清扫现场。

（1）根据元件清单配齐元器件，并用万用表检查元件的性能及好坏。

（2）清除元件的氧化层，并搪锡（对已进行预处理的新器件不搪锡）。

（3）剥去电源连线及负载连接线端的绝缘，清除氯化层均加以搪锡处理。

（4）合理布局电路元器件。

（5）元器件安装完毕，经检查无误后，进行焊接固定。

安装过程中遇到哪些问题？你是如何解决的？请记录在表 3-19 中。

表 3-19　安装过程中遇到的问题

所遇到问题	解决方法

二、安装完毕后进行自检和互检

电路安装完毕，分别在断电和通电情况下进行自检和互检，根据测试内容，填写表 3-20。

表 3-20　自检和互检记录表

序号	测试内容	自检情况记录	互检情况记录
1	变压器初级端输入电压		
2	整流后的输出电压		
3	输出电压 U_o 的范围		

三、通电调试

基本调试步骤：安装电源、检查各元器件的焊接质量、通电调试、测量。

（1）将变压器次级引入万能线路板上并焊接，变压器的初级 AC 220 V 引线端通过密封型保险丝座和电源插头线连接。

（2）检查各元器件有无虚焊、错焊、漏焊及各引线是否正确、有无疏漏和短路。

自检及互检无误后，经教师同意，按上述步骤通电调试，测量相关监测点电压、波形等技术参数是否正常，若存在故障，应及时处理。调试成功后，清理工作现场，交付验收人员检查。

通电调试过程中，若有异常现象，应立即停车，按照检修步骤进行检查。各小组要互相交流，将各自遇到的故障现象、故障原因和处理方法记录在表 3-21 和表 3-22 中。

表 3-21 自检故障记录表

故障现象	故障原因	检修思路

表 3-22 调试步骤记录表

测试内容	波形图	分析波形的合理性
A 点的输出波形		
B 点的输出波形		
C 点的输出波形		
稳压性能测试		
调节自耦变压器使 U_i = 220 V，调节 R_{p1}，使 U_o = 18 V，调节 R_{p2}，使 I_L = 100 mA	额定输入电压 U_i	220 V
	额定输出电压 U_o	18 V
重新调节自耦变压器使 U_i 在 198 ~ 242 V 之间变化，测出相应的输出电压值	U_i（V）	
	U_o（V）	

四、项目验收

（1）验收由各小组派出代表进行交叉验收，并填写表 3-23 所示的详细验收记录。

表 3-23　验收过程记录表

问题记录	整改措施	完成时间	备注

（2）以小组为单位认真填写串联型可调稳压电路的装接与调试任务验收报告（见表 3-24），并将工作任务联系单填写完整。

表 3-24　串联型可调稳压电路的装接与调试任务验收报告

工作项目名称			
建设单位		联系人	
地址		电话	
施工单位		联系人	
地址		电话	
项目负责人		施工周期	
工程概况			
现存问题		完成时间	
改进措施			
验收结果	主观评价	客观评价	施工质量	材料移交

五、评　价

以小组为单位，展示本小组安装成果。根据表 3-25 所示评分标准进行评分。

表 3-25 评分表

评价项目		评价标准	分值	评分		
				自我评价	小组评价	教师评价
电路装配	元器件安装	1. 电阻安装位置正确 2. 二极管安装位置正确 3. 电解电容安装位置正确 4. 集成稳压器安装正确 5. 电位器安装位置正确	10分			
	布线	1. 布局合理、紧凑 2. 导线横平竖直，转角呈直角，无交叉 3. 元器件间连接关系和电路原理图一致	10分			
	插件	1. 电阻器、二极管及电容器水平安装，贴近电路板 2. 元器件安装平整、对称 3. 按图装配，元器件的位置、极性正确	20分			
	焊接	1. 焊点光亮、清洁、焊料适量 2. 布线平直 3. 无漏焊、虚焊、假焊、搭焊等现象 4. 焊接后元器件引脚剪角留头长度小于1 mm	20分			
电路测试	总装	1. 总装符合工艺要求 2. 导线连接正确，绝缘恢复良好 3. 不损伤绝缘层和元器件表面涂覆层 4. 紧固件牢固可靠	10分			
	测试	1. 按测试要求和步骤正确测量 2. 正确使用万用表 3. 正确使用示波器观察波形	25分			
安全文明		1. 安全用电，不人为损坏元器件、工件和设备 2. 保持工作环境清洁、秩序井然，操作习惯良好	5分			
合计						

学习活动四 总结与评价

【学习目标】

（1）能以小组为单位，对学习过程和实测成果进行汇报总结。

（2）完成对学习过程的综合评价。

【学习课时】

3 课时

【学习过程】

一、工作总结

以小组为单位，选择 PPT、录像等形式，向全班展示、汇报学习成果。

二、综合评价（见表 3-26）

表 3-26 评分表

评价项目	评价内容	评价标准	评价方式		
			自我评价	小组评价	教师评价
职业素养	安全意识、责任意识	A 等：作风严谨、自觉遵章守纪、出色完成工作任务 B 等：能够遵守规章制度、较好完成工作任务 C 等：忽视规章制度，没完成工作任务 D 等：不遵守规章制度、没有完成工作任务			
	学习态度	A 等：积极参与教学活动，全勤 B 等：缺勤达到本任务总学时的 10% C 等：缺勤达本任务总学时的 20% D 等：缺勤达本任务总学时的 30%			
	团队合作意识	A 等：与同学协作融洽、团队合作意识强 B 等：与同学能沟通、协同工作能力较强 C 等：与同学能沟通、协同工作能力一般 D 等：与同学沟通困难、协同工作能力较差			
专业能力	学习活动 1：明确工作任务	A 等：按时、完整地完成工作页，问题回答正确 B 等：按时、完整地完成工作页，问题回答基本正确 C 等：未能按时完成工作页，或内容遗漏、错误较多 D 等：未完成工作页			
	学习活动 2：施工前的准备	A 等：学习活动评价成绩为 90~100 分 B 等：学习活动评价成绩为 75~89 分 C 等：学习活动评价成绩为 60~74 分 D 等：学习活动评价成绩为 0~59 分			
	学习活动 3：现场施工	A 等：学习活动评价成绩为 90~100 分 B 等：学习活动评价成绩为 75~89 分 C 等：学习活动评价成绩为 60~74 分 D 等：学习活动评价成绩为 0~59 分			
创新能力		在学习过程中提出具有创新性、可行性的方法、建议	加分奖励：		
班级		学号			
姓名		综合评价等级			
教师		日期			

项目四 S66E 超外差式收音机的装接与调试

一、学习目的

（1）能通过阅读工作任务单和现场勘查，明确工作任务。

（2）能识读和正确检测收音机常用的各元器件。

（3）能识读 S66E 收音机电路原理图、设计电路的布局走线。

（4）能正确使用焊接工具，按照相关工艺规范完成电子元器件焊接。

（5）能正确使用仪器仪表检测电路安装的正确性，按照作业指导书完成通电调试。

（6）能正确填写验收相关技术文件，完成项目验收，并按照现场管理规定清理施工现场。

二、建议课时

14 课时

三、工作情景描述

请按照图 4-1 所示的 S66E 收音机电路原理图配齐元件，组装一台 S66E 收音机，并调试交付使用。

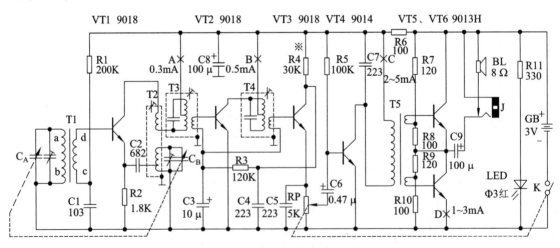

图 4-1 S66E 收音机电路原理图

注：1. 调试时请注意连接集电极回路 A、B、C、D（测集电极电流用）。

2. 中放增益低时，可改变 R4 的阻值，声音会提高。

四、工作流程与活动

（1）明确工作任务。

（2）施工前的准备。

（3）现场施工。

（4）总结与评价。

学习活动一　明确工作任务

【学习目标】

（1）能通过阅读工作任务联系单，明确工作内容、工时等要求。

（2）了解 S66E 收音机工作原理。

【学习课时】

1 课时

【学习过程】

一、阅读工作任务联系单（见表 4-1）

表 4-1　工作任务联系单

　年　　月　　日　　　　　　　　　　　　　　　　No

类别：				
安装地点	机电实训中心 4-204 室			
安装项目	按照图 4-1 所示的 S66E 收音机电路原理图，配齐元件，组装一台 S66E 收音机，并调试交付使用			
需求原因				
申报时间		完工时间		
申报单位	机电教研室	安装单位	班级　　组	
申报人		承办人		
申报人联系电话		承办人联系电话		
验收意见	安装调试工作态度是否端正：是□，否□ 系统是否工作正常：是□，否□ 是否按时完成：是□，否□ 客户评价：非常满意□，基本满意□，不满意□ 客户意见或建议： 客户签章：			

二、超外差式收音机工作过程（见图4-2）

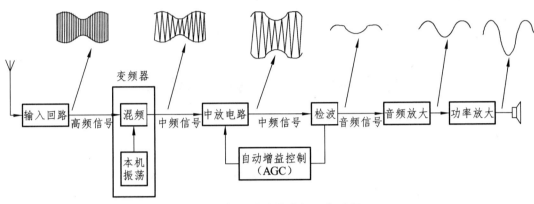

图 4-2　超外差式收音机工作过程

（1）查阅资料，简述什么是调制和检波？

学习活动二　施工前的准备

【学习目标】

（1）能正确识读电路原理图，分析各部分的工作原理。
（2）能正确使用万用表、电烙铁、示波器等仪器仪表。
（3）能正确绘制布局图。
（4）能根据任务要求和实际情况，合理制订工作计划。

【学习课时】

4课时

【学习过程】

能够在识别和检测电路中每个元件的基础上，了解电路各部分的组成及作用，然后描述电路工作原理，绘制元件布局图，最后制订本任务的工作计划。

一、识别与检测电子元件

（1）根据线路原理图列出元件清单，填入表 4-2 中。

表 4-2　元件清单

元器件	类型	规格/型号	标识值	特点/用途

（2）根据所列元件清单，检测元件包里的元件，并简述检测情况。

二. 认识电路

（1）根据图 4-1 所示的电路原理图，填写表 4-3。

表 4-3　电路分析表

电路	电路组成元件	作用
调谐回路		
变频回路		
中放回路		
检波和自动增益控制电路		
前置低放电路		
功率放大器		

（2）查阅资料，简述超外差式收音机的工作原理。

三、绘制元件布局图

四．制订工作计划（见表 4-4）

表 4-4　工作计划

"S66E 超外差式收音机的装接与调试"工作计划

一、人员分工

1. 小组负责人：

2. 小组成员分工

姓名	分工

二、工具及材料清单

序号	工具或材料名称	数量	单位	备注

三、工序及工期安排

序号	工作内容	完成时间（工时）	备注

四、安全防护措施

五、评　价

以小组为单位，展示本组制订的工作计划。然后在教师点评基础上对工作计划进行修改完善，并根据表 4-5 所示的评分标准进行评分。

表 4-5　评分表

评价内容	分值	评分		
		自我评价	小组评价	教师评价
计划制订是否有条理	10			
计划是否全面、完善	10			
人员分工是否明确	10			
任务要求是否明确	20			
工具清单是否正确、完整	20			
材料清单是否正确、完整	20			
团结协作	10			
合计				

学习活动三　现场施工

【学习目标】

（1）能正确识别、检测电子元器件。

（2）能按照图纸、工艺要求、安全规范，安装元器件并正确接线。

（3）能用正确完成电路的调试。

（4）施工完毕能清理现场，能正确填写工作记录并交付验收。

【学习课时】

5 课时

【学习过程】

一、阅读装配工艺要求

（1）为了保证装配的电子产品能够稳定、可靠地工作，必须在装配前对所使用的电子元器件进行清点、检验和筛选。例如：元件脚有无氧化、印制板有无断裂、铜铂有无腐蚀、三极管中周等元件是否完好。然后按照清单和电路原理图插件。

（2）安装时先装低矮和耐热元件，然后安装大一点的元件，最后装怕热元件（如三极管）。

（3）安装电阻时，请根据两孔的距离弯曲电阻脚采用卧式或立式安装，高度要统一。注意 VT5、TV6 为 9013 三极管，属于中功率三极管，请不要与 VT1～VT4（3DG201 或 9014、9018 三极管，属高频小功率三极管）相混淆，否则装出来的效果不好。瓷片电容和三极管的管脚修剪后长度要适中，不要太短或过长，高度不能超过中周。电解电容紧贴印刷板立式安装。

（4）安装中周时，一定要按磁帽颜色插件，不可插错。T2 为本机振荡线圈（红色），T3 为第一级中放的中频变压器（白色），T4 为第二级中放的中频变压器（黑色）。中周外壳除起屏蔽作用外，还起导线作用，所以必须可靠焊好接地。

（5）T5 音频输入变压器线圈骨架上有凸点标记的为初级，印刷板上也有圆点标记，安装时不要装反。磁棒线圈（自焊线，不需刮线头。直接用烙铁配合松香焊锡丝来回摩擦几下即可自动上锡）的 4 根线头对应的点（即 a、b、c、d 点）焊在线路板的铜箔面。

（6）安装调谐双联时，请先用螺丝固定好后再焊，焊接时间不要过长，以免烫坏双联。引脚必须紧贴铜箔面，焊点不要太大，以免调谐时有障碍。音量电位器安装焊接时，也必须紧贴铜箔面，以免安装音量旋钮时碰壳。

（7）安装耳机插座时，焊接速度要快，以免烫坏塑料部分而接触不良。发光管的安装请先按图示弯曲成形，再直接在电路板上焊接。

（8）安装喇叭时，喇叭安放定位后用烙铁将周围的三个塑料桩子靠近喇叭边缘烫化压紧，以免喇叭松动。

安装过程遇到哪些问题？你是如何解决的？请记录在表 4-6 中。

表 4-6　安装过程中遇到的问题

所遇到问题	解决方法

电路安装完毕，分别在断电和通电情况下进行自检和互检，根据测试内容，填写表 4-7。

表 4-7　自检和互检记录表

序号	测试内容	自检情况记录	互检情况记录
1	检查各级晶体管的型号、安装位置和管脚是否正确		
2	检查各级中周的安装顺序、初次级的引出线是否正确		
3	检查电解电容的引线正、负接法是否正确		
4	分段绕制的磁性天线线圈的初次级安装位置是否正确		
5	接上 3 V 电源后，用指针式万用表分别测 A、B、C、D 4 点的电流大小是否符合所标电流		

三、通电调试

（一）调 试

（1）初测：装入电池（注意极性），将频率盘拨到 530 kHz（无台区），首先测量整机静态工作总电流，约为 11 mA。

（2）如果静态工作总电流>15 mA，应立即停止通电，检查故障原因，静态工作总电流过大或过小都反映出装配中存在问题，应该重新仔细检查。然后测量收音机各晶体管的静态工作点。

（3）检查混频级电路是否起振。用万用表的电压挡测量电阻 R2 的两端，应有 1 V 左右的电压；这时用镊子短路可变电容器两端，电阻 R2 两端的电压应有一点（约 0.1 V）下降。

将检测结果记录在表 4-8 中。

表 4-8　自检故障记录表

故障现象	故障原因	检修思路

补充：若整机无声可用 MF47 型万用表检查故障，方法如下。

万用表调至 Ω×1 挡，黑表笔接地，红表笔从后级往前级寻找，对照原理图，从喇叭开始，顺着信号传播方向逐级往前碰触，喇叭应发出"喀喀"声。当碰触到哪级无声时，则故障就在该级。可测量工作点是否正常，并检查有无接错、焊错、塔焊、虚焊等。若在整机上无法查出该元件的好坏，则可拆下检查。

（二）试　听

如果各元器件完好，安装正确，初测正确，即可试听。注意在此过程中不要调中周及微调电容。

（三）整机调试（见表4-9）

1. 调整各级晶体三极管的静态工作点

晶体三极管的工作状态是否合适，会直接影响整机的性能，严重时甚至使整机不能工作。所谓工作状态的调整主要是指集电极电流的调整。图 4-1 中有 "X" 的地方为电流表接入处，线路板上留有 4 个测量电流的缺口，分别是 A、B、C、D 4 个点，将电位器的开关打开（音量旋至最小即测量静态电流），用万用表的 10 mA 挡测量各点的三极管静态电流。

2. 调整中频频率

调整中频频率就是通过调整中周的磁帽，使它谐振在 465 kHz 上。调中周的工具应该使用无感起子，调中周最好使用高频率信号发生器，使高频信号发生器输出 465 kHz 的中频信号，用 1 kHz 音频调制，调制度选 30%。调整的方法：首先，将本机振荡回路用导线短路，使它停振，以避免造成对中频调试工作的干扰。然后，将双联可变电容器调到最大值（逆时针旋到底）。打开收音机的电源开关 K，将音量电位器 RP 旋到最大，用信号发生器的输出头碰触 V3 的基极，调整 T5，使扬声器发出 1 kHz 的响声最响。最后，由后极往前极，从基级输入信号，仅调整 T4、T3，使扬声器中声音最响，中频就调整好了。

3. 调整频率范围

调整频率范围也叫作调整频率覆盖。它是通过调整本机振荡线圈 T2 和振荡回路的补偿电容来实现。在中波波段规定接收频率范围为 535～1 605 kHz，也就是要求双连可变电容器全部旋入时能接收 535 kHz 的信号，也能接收 1 605 kHz 的信号。

首先在低端收一个广播电台，如武汉交通广播电台（603 kHz）的广播。如果刻度盘指针位置比 603 kHz 低，说明振荡线圈的电感量小了，可以把振荡线圈的磁帽旋进一点；反之，可以把振荡线圈的磁帽旋出一点，直到指针的位置在 603 kHz 处收到这个广播电台。然后在高端收一个广播电台，如武汉楚天广播电台（1 179 kHz），如果指针的位置不在 1 179 kHz 处，要调整补偿电容器（双连背后），直到指针的位置在 1 179 kHz 处收到这个电台为止。在调频过程中，高低端相互存在影响，需来回调整几次。

4. 跟踪统调

统调的目的是使本机振荡频率同天线回路频率始终相差 465 kHz。当然这两个频率要处处保持相差 465 kHz 是困难的。但是可以做到高、低二点相差 465 kHz。先在低端接收一个广播电台，如 603 kHz 的广播，移动磁性天线线圈 T1 在磁棒上的位置，使扬声器的声音最响，低端统调就算初步完成了。再在高端接收一个广播电台，如 1 179 kHz 的广播，调整天线回路中的补偿电容器（双连的背后），使扬声器的声音最响，高端统调就初步完成了。由于高、低端相互影响，因此要反复调整几次。

表 4-9　调试步骤记录表

测试内容	测试数据	测试结果		记录故障现象	记录检修部位
		自检	互检		

四、项目验收

（1）验收由各小组派出代表进行交叉验收，并填写详细验收记录（见表 4-10）。

表 4-10　验收过程记录表

问题记录	整改措施	完成时间	备注

（2）以小组为单位认真填写直流电源的安装调试任务验收报告（见表 4-11），并将工作任务联系单填写完整。

表 4-11　S66E 超外差式收音机的装接与调试任务验收报告

工作项目名称				
建设单位		联系人		
地址		电话		
施工单位		联系人		
地址		电话		
项目负责人		施工周期		
工程概况				
现存问题		完成时间		
改进措施				
验收结果	主观评价	客观评价	施工质量	材料移交

五、评　价

以小组为单位，展示本小组安装成果。根据表 4-12 所示评分标准进行评分。

表 4-12　评分表

评价项目		评价标准	分值	评分		
				自我评价	小组评价	教师评价
电路装配	布线	1. 布局合理、紧凑 2. 导线横平竖直，转角成直角，无交叉 3. 元器件间连接关系和电路原理图一致	20 分			
	插件	1. 电阻器、二极管水平安装，贴近电路板 2. 元器件安装平整、对称 3. 按图装配，元器件的位置、极性正确	20 分			
	焊接	1. 焊点光亮、清洁、焊料适量 2. 布线平直 3. 无漏焊、虚焊、假焊、搭焊等现象 4. 焊接后元器件引脚剪角留头长度小于 1 mm	20 分			
电路测试	总装	1. 总装符合工艺要求 2. 导线连接正确，绝缘恢复良好 3. 不损伤绝缘层和元器件表面涂覆层 4. 紧固件牢固可靠	10 分			
	测试	1. 按测试要求和步骤正确测量 2. 正确使用万用表 3. 正确使用示波器观察波形	20 分			
安全文明		1. 安全用电，不人为损坏元器件、工件和设备 2. 保持工作环境清洁、秩序井然，操作习惯良好	10 分			
合计						

学习活动四　总结与评价

【学习目标】

（1）能以小组为单位，对学习过程和学习成果进行汇报总结。
（2）完成对学习过程的综合评价。

【学习课时】

4 课时

【学习过程】

一、工作总结

以小组为单位，选择 PPT、录像等形式，向全班展示、汇报学习成果。

二、综合评价（见表 4-13）

表 4-13　评分表

评价项目	评价内容	评价标准	评价方式		
			自我评价	小组评价	教师评价
职业素养	安全意识、责任意识	A 等：作风严谨、自觉遵章守纪、出色完成工作任务 B 等：能够遵守规章制度、较好完成工作任务 C 等：忽视规章制度，没完成工作任务 D 等：不遵守规章制度、没有完成工作任务			
	学习态度	A 等：积极参与教学活动，全勤 B 等：缺勤达到本任务总学时的 10% C 等：缺勤达本任务总学时的 20% D 等：缺勤达本任务总学时的 30%			
	团队合作意识	A 等：与同学协作融洽、团队合作意识强 B 等：与同学能沟通、协同工作能力较强 C 等：与同学能沟通、协同工作能力一般 D 等：与同学沟通困难、协同工作能力较差			

评价项目	评价内容	评价标准	评价方式		
			自我评价	小组评价	教师评价
专业能力	学习活动1：明确工作任务	A等：按时、完整地完成工作页，问题回答正确 B等：按时、完整地完成工作页，问题回答基本正确 C等：未能按时完成工作页，或内容遗漏、错误较多 D等：未完成工作页			
	学习活动2：施工前的准备	A等：学习活动评价成绩为90～100分 B等：学习活动评价成绩为75～89分 C等：学习活动评价成绩为60～74分 D等：学习活动评价成绩为0～59分			
	学习活动3：现场施工	A等：学习活动评价成绩为90～100分 B等：学习活动评价成绩为75～89分 C等：学习活动评价成绩为60～74分 D等：学习活动评价成绩为0～59分			
创新能力		在学习过程中提出具有创新性、可行性的方法、建议	加分奖励：		
班级			学号		
姓名			综合评价等级		
教师			日期		

项目五　集成运算放大电路的运用

一、学习目的

（1）理解集成运算放大器的工作原理和基本特性。

（2）熟悉集成运算放大器在模拟运算方面的应用。

（3）掌握集成运算电路的设计方法和调试技巧。

（4）学习电路故障的排除方法。

（5）能正确编写实训报告，并按照现场管理规定清理实训台。

二、建议课时

10 课时

三、实训任务描述

用集成运算放大器设计一电路，实现 $v_o = 3v_{i1} - 2v_{i2}$（v_{i1}、v_{i2} 是交流信号）的运算功能。指标要求：$R_{if} \geq 100 \text{ k}\Omega$。

四、工作流程与活动

（1）实训前的准备。

（2）现场实训。

（3）总结与评价。

学习活动一　实训前的准备

【学习目标】

（1）掌握集成运算放大器的组成结构和工作特性。

（2）熟练掌握比例、加法、减法、积分运算电路及其综合应用。

（3）根据任务描述制作电路设计方案。

【学习课时】

5 课时

【学习过程】

一、集成运算放大器的电路组成和工作特性

集成运算放大器简称集成运放,是具有高放大倍数、高输入电阻、低输出电阻的多级直接耦合放大电路的集成。集成运放内部电路一般可分为 4 个组成部分,即输入级、中间级、输出级及偏置电路。它的方框图如图 5-1 所示,其中 u_{i1} 为反相输入端,u_{i2} 为同相输入端,u_o 为输出端。

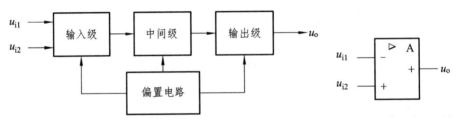

（a）集成运算放大器的电路框图　　　　（b）集成运算放大器的符号

图 5-1　集成运放的方框图及符号

（1）图 5-1（a）的方框图中各部分的功能是什么?

（2）查阅资料，简述集成运放的作用。

二、含运算放大器的电路的分析

（一）集成运放线性运用形式

线性应用是指运算放大器工作在线性状态，即输出电压与输入电压是线性关系，主要用以实现对各种模拟信号进行比例、求和、积分、微分等数学运算，以及有源滤波、采样保持等信号处理工作，分析方法是应用"虚断"和"虚短"这两条分析依据。线性应用的条件是必须引入深度负反馈。

集成运算放大器线性应用的基本电路以及输出电压与输入电压的关系（电压传输关系）如表 5-1 所示，查阅资料，将表 5-1 补充完整。

表 5-1 集成运算放大器的线性应用电路

功能	电路	电压传输关系	说明
反相比例运算			电压并联负反馈 $u_- = u_+ = 0$ R_2 为平衡电阻
同相比例运算			电压串联负反馈 $u_- = u_+ = u_i$ R_2 为平衡电阻

功能	电路	电压传输关系	说明
电压跟随器			电压串联负反馈 $u_- = u_+ = u_i$
反相加法运算			电压并联负反馈 $u_- = u_+ = 0$ R_2 为平衡电阻
减法运算			R_f 对 u_{i1} 电压并联负反馈，对 u_{i2} 电压串联负反馈 $u_- = u_+ = 0$ 运用叠加定理分析
积分运算			电压并联负反馈 $u_- = u_+ = 0$ R_1 为平衡电阻
微分运算			电压并联负反馈 $u_- = u_+ = 0$ R_1 为平衡电阻

（二）集成运放非线性运用形式

非线性应用是指运算放大器工作在饱和（非线性）状态，输出为正的饱和电压，或负的饱和电压，即输出电压与输入电压是非线性关系，主要用以实现电压比较、非正弦波发生等，分析依据是 $i_+ = i_- = 0$，$u_+ > u_-$ 时 $u_o = +U_{OM}$，$u_+ < u_-$ 时 $u_o = -U_{OM}$，其中 $u_+ = u_-$ 为转折点。线性应用的条件是工作在开环状态或引入正反馈。

集成运算放大器非线性应用的基本电路以及电压传输关系如表 5-2 所示，查阅资料，将表 5-2 补充完整。

表 5-2　集成运算放大器的非线性应用电路

功能		电路	电压传输关系	说明
任意电压比较器	反相输入			$u_- = u_i$，　$u_+ = U_R$ $u_i < U_R$ 时，　$u_o = U_{OM}$ $u_i > U_R$ 时，　$u_o = -U_{OM}$ $U_R = 0$ 时为过零比较器
	同相输入			$u_+ = u_i$，　$u_- = U_R$ $u_i > U_R$ 时，　$u_o = U_{OM}$ $u_i < U_R$ 时，　$u_o = -U_{OM}$ $U_R = 0$ 时为过零比较器
限幅电压比较器	反相输入			$u_- = u_i$，　$u_+ = U_R$ $u_i < U_R$ 时，　$u_o = U_Z$ $u_i > U_R$ 时，　$u_o = -U_Z$ $U_R = 0$ 时为过零比较器
	同相输入			$u_+ = u_i$，　$u_- = U_R$ $u_i > U_R$ 时，　$u_o = U_Z$ $u_i < U_R$ 时，　$u_o = -U_Z$ $U_R = 0$ 时为过零比较器
滞回比较器				上门限电压 $$u_{H1} = \frac{R_2}{R_2 + R_f} U_{OM}$$ 下门限电压 $$u_{H2} = -\frac{R_2}{R_2 + R_f} U_{OM}$$ 回差电压 $$u_H = u_{H1} - u_{H2} = \frac{2R_2}{R_2 + R_f} U_{OM}$$

三、电路设计方案

（1）阅读 LM324 或 741 的技术资料，管脚图如图 5-2 所示，熟悉其基本应用电路。

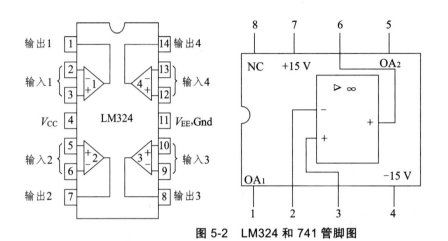

图 5-2　LM324 和 741 管脚图

（2）确定使用多少级放大电路及其放大类型，绘制原理框图。

（3）单元电路设计，参数计算和元件选择。先设计直流部分（包括偏置电路的设计），再设计交流部分（包括输入电阻和反馈支路的设计等）。

学习活动二　现场实训

【学习目标】

（1）能按照电路图在实验箱箱上选取所需元件。

（2）能够按照电路图连接元件。

（3）对电路进行测试。

（4）试验完毕后清理现场并写出实训报告。

【学习课时】

4 课时

【学习过程】

（1）根据设计电路图，正确选取元件并检测元件的好坏，并记录。

（2）连接元件并设计表格对测试结果进行记录。

（3）思考如何在实验箱上获得所需要的输入信号？

（4）运放在静态情况下，测出 u_{i1}、u_{i2}、u_o 的直流电压。

（5）验证运算关系：$v_o = 3v_{i1} - 2v_{i2}$，表中 V_{pp} 为不失真的最大输入电压，V_{opp} 为不失真的最大输出电压（见表 5-2）。

表 5-3　验证运算关系

v_{i1}	v_{i2}	理论 V_{opp}	实测 V_{opp}	输出波形
$2V_{pp}$	$1V_{pp}$			
$1V_{pp}$	$2V_{pp}$			

实训结论：

（6）如测试未达到试验要求，请填写表 5-4。

表 5-4　自检故障记录表

故障现象	故障原因	检修思路

学习活动三　总结与评价

【学习目标】

（1）能以书写实训报告的形式，对学习过程和实训成果进行总结。
（2）完成对学习过程的综合评价。

【学习课时】

3 课时

【学习过程】

一、编写实训报告

二、综合评价（见表5-5）

表5-5　评分表

评价项目	评价内容	评价标准	评价方式		
			自我评价	小组评价	教师评价
职业素养	安全意识、责任意识	A等：作风严谨、自觉遵章守纪、出色完成工作任务 B等：能够遵守规章制度、较好完成工作任务 C等：忽视规章制度，没完成工作任务 D等：不遵守规章制度、没有完成工作任务			
	学习态度	A等：积极参与教学活动，全勤 B等：缺勤达到本任务总学时的10% C等：缺勤达本任务总学时的20% D等：缺勤达本任务总学时的30%			
	团队合作意识	A等：与同学协作融洽、团队合作意识强 B等：与同学能沟通、协同工作能力较强 C等：与同学能沟通、协同工作能力一般 D等：与同学沟通困难、协同工作能力较差			
专业能力	学习活动1：实训前的准备	A等：学习活动评价成绩为90～100分 B等：学习活动评价成绩为75～89分 C等：学习活动评价成绩为60～74分 D等：学习活动评价成绩为0～59分			
	学习活动2：现场实训	A等：学习活动评价成绩为90～100分 B等：学习活动评价成绩为75～89分 C等：学习活动评价成绩为60～74分 D等：学习活动评价成绩为0～59分			
	实训报告	A等：学习活动评价成绩为90～100分 B等：学习活动评价成绩为75～89分 C等：学习活动评价成绩为60～74分 D等：学习活动评价成绩为0～59分			
创新能力		在学习过程中提出具有创新性、可行性的方法、建议	加分奖励：		
班级			学号		
姓名			综合评价等级		
教师			日期		

项目六　组合逻辑电路

实训一　三变量组合逻辑电路设计

一、学习目的

（1）了解数字电路基础知识。

（2）掌握组合逻辑电路的分析和简单设计方法，并能用指定芯片完成组合逻辑电路的设计。

（3）能用实验验证所设计的逻辑电路的逻辑功能。

（4）熟悉并正确使用各种集成门电路。

（5）能正确编写实验报告，并按照现场管理规定清理实训台。

二、建议课时

18 课时

三、实训任务描述

用 74LS20 设计一个表决逻辑电路，设有 3 个输入变量 A、B、C，当输入变量中有 2 个或 3 个全为高电平"1"时，输出 Y 为"1"。要求画出接线图并用数字逻辑实验箱进行测试。

四、工作流程与活动

（1）实训前的准备。

（2）现场实训。

（3）总结与评价。

学习活动一　实训前的准备

【学习目标】

（1）了解数字电路基础知识。

（2）掌握数字逻辑实验箱的使用方法。

（3）掌握相关芯片的功能与使用方法。

【学习课时】

10 课时

【学习过程】

一、数字电路基础知识

（一）信号类型

查阅资料，将表 6-1 补充完整。

表 6-1　信号类型

信号类型	图形	信号特点	说明
模拟信号			模拟电路用于传输或处理模拟信号的电路，如：电压、功率放大等
数字信号			数字电路用于处理、传输、存储、控制、加工、算运算、逻辑运算、数字信号的电路

（二）数制与码值

补充表 6-2 中数字的位权表示。

表 6-2　数制与码值

常用进制	数码	计数基数	计数规则	位权表示
十进制	0、1、2、3、4、5、6、7、8、9	10	逢十进一	3 124.16＝
二进制	0、1	2	逢二进一	1 011.11＝
十六进制	0、1、2、3、4、5、6、7、8、9、A、B、C、D、E、F	16	逢十六进一	3BE.C4＝

二进制、八进制、十六进制转换成十进制时，只要将它们按权展开，求出各加权系数的和，便得到相应进制数对应的十进制数。

1. 二-十进制码

将十进制数的 0~9 这 10 个数字用二进制数表示的代码，称为二-十进制码，又称 BCD 码，表 6-3 为常用的二-十进制码。

表 6-3　常用的二-十进制码

十进制数	有权码				无权码
	8421 码	5421 码	2421（A）码	2421（B）码	余 3 码
0	0000	0000	0000	0000	0011
1	0001	0001	0001	0001	0100
2	0010	0010	0010	0010	0101
3	0011	0011	0011	0011	0110
4	0100	0100	0100	0100	0111
5	0101	1000	0101	1011	1000
6	0110	1001	0110	1100	1001
7	0111	1010	0111	1101	1010
8	1000	1011	1110	1110	1011
9	1001	1100	1111	1111	1100

2. 可靠性代码

1）格雷码（见表 6-4）

表 6-4　格雷码

十进制数	二进制码				格雷码			
0	0	0	0	0	0	0	0	0
1	0	0	0	0	0	0	0	1
2	0	0	1	0	0	0	1	1
3	0	0	1	1	0	0	1	0
4	0	1	0	0	0	1	1	0
5	0	1	0	1	0	1	1	1
6	0	1	1	0	0	1	0	1
7	0	1	1	1	0	1	0	0
8	1	0	0	0	1	1	0	0
9	1	0	0	1	1	1	0	1
10	1	0	1	0	1	1	1	1
11	1	0	1	1	1	1	1	0
12	1	1	0	0	1	0	1	0
13	1	1	0	1	1	0	1	1
14	1	1	1	0	1	0	0	1
15	1	1	1	1	1	0	0	0

2）奇偶校验码

为了能发现和校正错误，提高设备的抗干扰能力，就需采用可靠性代码，而奇偶校验码就具有校验这种差错的能力，它由两部分组成（见表6-5）。

表6-5　奇偶校验码

十进制数	8421奇校验码					8421偶校验码				
	信息码				校验位	信息码				校验位
0	0	0	0	0	1	0	0	0	0	0
1	0	0	0	1	0	0	0	0	1	1
2	0	0	1	0	0	0	0	1	0	1
3	0	0	1	1	1	0	0	1	1	0
4	0	1	0	0	0	0	1	0	0	1
5	0	1	0	1	1	0	1	0	1	0
6	0	1	1	0	1	0	1	1	0	0
7	0	1	1	1	0	0	1	1	1	1
8	1	0	0	0	0	1	0	0	0	1
9	1	0	0	1	1	1	0	0	1	0

（三）逻辑门

写出下列逻辑门的表达式及功能（见表6-6）。

表6-6　逻辑门

名称	符号	表达式	功能
与门	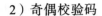		
或门			
非门			

名称	符号	表达式	功能
与非门	A ○— & — ○F　　B ○—		
或非门	A — ≥1 ○— F　　B —		
异或门	A — =1 — F　　B —		
同或门	A — =1 ○— Y　　B —		
与或非	A — & 　 B — 　≥1 ○— Y　 C — & 　 D —		

有两个单刀双掷开关 A 和 B 分别安装在楼上和楼下。上楼之前，在楼下开灯，上楼后，关灯；反之，下楼之前，在楼上开灯，下楼后关灯。试写出其逻辑表达式。

二、组合逻辑电路的分析方法

组合逻辑电路由门电路组成。它的特点是输出仅取决于当前的输入，而与以前的状态无关。

组合逻辑电路的两类问题：

（1）分析电路：分析给定的逻辑电路图，确定电路能完成的逻辑功能。分析步骤如图 6-1 所示。

图 6-1　逻辑电路分析步骤

（2）设计电路：给定实际的逻辑问题，求出实现其逻辑功能的逻辑电路。

设计步骤如下：分析设计要求→列真值表→写出逻辑函数表达式→化简表达式→画逻辑图。

（一）分析电路

分析图 6-2 所示的组合逻辑电路所实现的功能。

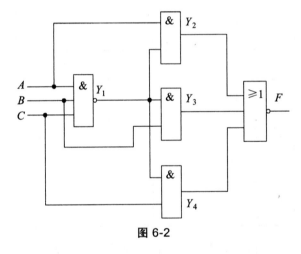

图 6-2

1. 逐级写出表达式

2. 化简表达式

3. 列真值表

4. 叙述逻辑功能

（二）设计电路

设计一个三人表决电路，结果按"少数服从多数"的原则决定。

1. 逻辑问题分析

2. 列真值表

3. 由真值表写出逻辑表达式并化简

4. 画出逻辑电路图

三、数字逻辑实验箱的使用方法

数字逻辑电路实验箱主电路板的组成：信号源单元、逻辑电平输出单元、点阵和喇叭、逻辑电平显示单元、元件库、共阴数码管和共阳数码管。

阅读数字逻辑实验箱的使用说明书，查找主电路板各单元的功能。

实验注意事项：

（1）电源的打开顺序：先开交流开关（实验箱中的船形开关），再开直流开关，最后打开各个模块的控制开关。电源关掉的顺序与此相反。

（2）切忌在实验中带电连接线路，正确的方法是断电后再连线。

（3）实验箱主电路板上所有的芯片出厂时已全部经过严格检验，因此在做实验时切忌随意插拔芯片。

（4）实验箱中的接插连接线的方法：连线插入时要垂直，切忌用力，拔出时用手捏住连线靠近插孔的一端，然后左右旋转几下，连线自然会从插孔中松开、弹出，切忌用力向上拉线，这样很容易造成连线和插孔的损坏。

（5）实验中应该严格按照老师的要求和实验指导书来操作，不要随意乱动开关、芯片及其他元器件，以免造成实验箱的损坏。元件库中的二极管和数码管一定要注意极性。

（6）如果在实验中由于操作不当或其他原因而出现异常情况，如数码管显示不稳、闪烁、芯片发烫等，首先立即断电，然后报告老师，切忌无视现象，继续实验，以免造成严重后果。

四、认识 74LS00 和 74LS20

用以实现基本逻辑运算和复合逻辑运算的单元电路称为门电路。常用的门电路在逻辑功能上有与门、或门、非门、与非门、或非门、与或非门、异或门等几种。门电路可用分立元件组成，也可做成集成电路，但目前实际应用的都是集成电路。以双极型半导体管为基本元件，集成在一块硅片上，实现一定逻辑功能的电路称为双极型数字集成电路。双极型数字集成电路中应用最多的一种是 TTL 电路，即三极管-三极管逻辑电路。常见的 TTL 集成逻辑门系列有 54 系列和 74 系列。

（一）认识 74LS00

74LS00 的芯片管脚图如图 6-3 所示，有 4 个二输入与非门。

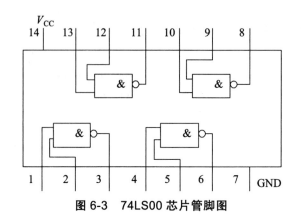

图 6-3 74LS00 芯片管脚图

其中 1、2、4、5、9、10、12、13 为输入端，3、6、8、11 为输出端子，V_{CC}、GND 为电源端子。

（1）查阅资料，简述 74LS00 芯片使用注意事项。

（2）74LS00 芯片的逻辑功能测试。输入端接逻辑信号，按下开关时灯亮表示输入信号为高电平 1，未按下开关时灯不亮表示输入信号为低电平 0，输出接在发光二极管上，发光为黄色表示输出信号为低电平，为红色表示输出信号为高电平。画出接线图并记录测试结果。

（3）74LS00 传输特性的测试。控制电位器，使输入电压变化，多测量几组数据，注意突变点数值测量，测试数据见表 6-7。

表 6-7　电压测试记录

输入/V	0.52	1.01	1.25	1.41	1.42	1.43	1.44	1.45	1.50	1.60	2.50	4.00
输出/V												

根据所测试的数据，画出特性曲线。

（二）认识 74LS20

74LS20 是常用的双 4 输入与非门集成电路，常用在各种数字电路和单片机系统中，芯片管脚图如图 6-4 所示。

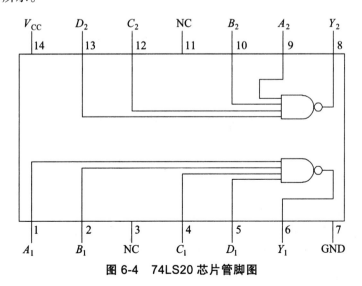

图 6-4　74LS20 芯片管脚图

其中 A_1、A_2、B_1、B_2、C_1、C_2、D_1、D_2 为输入端，Y_1、Y_2 为输出端，NC 为空端子，V_{CC}、GND 为电源端子。

（1）查阅资料，简述 74LS20 芯片使用注意事项。

（2）74LS20 芯片的逻辑功能测试。通过输入 1111、0111、1011、1101、1110 判断其逻辑功能是否正常并记录测试结果。

学习活动二　现场实训

【学习目标】

（1）能将设计要求正确地转化为真值表。

（2）能将真值表转化为表达式，并化简。

（3）能根据表达式设计电路并进行试验测试。

（4）试验完毕后清理现场并写出实训报告。

【学习课时】

4 课时

【学习过程】

1. 分析实训内容及要求

2. 列真值表

3. 写出表达式并化简

4. 根据表达式和制定芯片画出接线图

5. 试验验证

在数字逻辑箱上验证所设计电路的正确性，并记录。变量 A、B、C 接逻辑电平输出端，Y 接逻辑电平显示端。

6. 故障记录

如测试未达到试验要求，请填写表 6-8。

表 6-8　自检故障记录表

故障现象	故障原因	检修思路

学习活动三　总结与评价

【学习目标】

（1）能以书写实训报告的形式，对学习过程和实训成果进行总结。

（2）完成对学习过程的综合评价。

【学习课时】

4 课时

【学习过程】

一、编写实训报告

二、综合评价（见表 6-9）

表 6-9　评分表

评价项目	评价内容	评价标准	评价方式		
			自我评价	小组评价	教师评价
职业素养	安全意识、责任意识	A 等：作风严谨、自觉遵章守纪、出色完成工作任务 B 等：能够遵守规章制度，较好完成工作任务 C 等：忽视规章制度，没完成工作任务 D 等：不遵守规章制度、没有完成工作任务			
	学习态度	A 等：积极参与教学活动，全勤 B 等：缺勤达到本任务总学时的 10% C 等：缺勤达本任务总学时的 20% D 等：缺勤达本任务总学时的 30%			
	团队合作意识	A 等：与同学协作融洽、团队合作意识强 B 等：与同学能沟通、协同工作能力较强 C 等：与同学能沟通、协同工作能力一般 D 等：与同学沟通困难、协同工作能力较差			
专业能力	学习活动 1：实训前的准备	A 等：学习活动评价成绩为 90～100 分 B 等：学习活动评价成绩为 75～89 分 C 等：学习活动评价成绩为 60～74 分 D 等：学习活动评价成绩为 0～59 分			
	学习活动 2：现场实训	A 等：学习活动评价成绩为 90～100 分 B 等：学习活动评价成绩为 75～89 分 C 等：学习活动评价成绩为 60～74 分 D 等：学习活动评价成绩为 0～59 分			
	实训报告	A 等：学习活动评价成绩为 90～100 分 B 等：学习活动评价成绩为 75～89 分 C 等：学习活动评价成绩为 60～74 分 D 等：学习活动评价成绩为 0～59 分			
创新能力		在学习过程中提出具有创新性、可行性的方法、建议	加分奖励：		
班级		学号			
姓名		综合评价等级			
教师		日期			

实训二 译码显示电路设计

一、学习目的

（1）能通过阅读设计要求，能用指定芯片完成组合逻辑电路的设计。

（2）了解编码器、译码显示的原理。

（3）学会使用编码器 74LS148 及七段字形译码器 74LS48 组成编码-译码显示系统。

（4）能正确编写实验报告，并按照现场管理规定清理实训台。

二、建议课时

14 课时

三、实训任务描述

设计一个电路，将 4 位二进制数码转换成两位 8421BCD 码，并用两个七段数码管显示这个两位 BCD 码。

（1）根据任务要求写出设计步骤，选定器件。

（2）根据所选器件画出电路图。

（3）写出实验步骤和测试方法，设计实验记录表格。

（4）进行安装、调试及测试，排除实验过程中的故障。

（5）分析、总结实验结果。

四、工作流程与活动

（1）实训前的准备。

（2）现场实训。

（3）总结与评价。

学习活动一 实训前的准备

【学习目标】

（1）了解 74LS148 及 74LS48 的功能及使用方法。

（2）掌握编码、译码显示的工作原理。

【学习课时】

6 课时

【学习过程】

一、了解 74LS148 及 74LS48

（一）认识 74LS148

74LS148 是 8 线-3 线优先编码器，将 8 条数据线（0~7）进行 3 线（4-2-1）二进制（八进制）优先编码，即对最高位数据线进行编码。输入编码引脚为 I_7~I_0。其编码优先权最高为 I_7，最低为 I_0，相应编码器输出为 A_2、A_1、A_0，这也就是优先编码的含义，即用 A_2、A_1、A_0 三位二进制代码表示优先输入信号的特定信息。常用于优先中断系统、键盘编码等，管脚图如图 6-5 所示，具体功能见表 6-10。

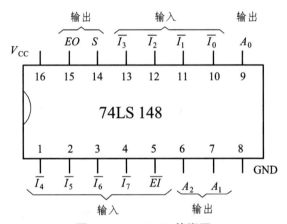

图 6-5　74LS148 管脚图

表 6-10　74LS148 功能表

输　入									输　出				
$\overline{EI}$	$\overline{I_0}$	$\overline{I_1}$	$\overline{I_2}$	$\overline{I_3}$	$\overline{I_4}$	$\overline{I_5}$	$\overline{I_6}$	$\overline{I_7}$	A_2	A_1	A_0	S	EO
1	×	×	×	×	×	×	×	×	1	1	1	1	1
0	1	1	1	1	1	1	1	1	1	1	1	1	0
0	0	1	1	1	1	1	1	1	1	1	1	0	1
0	×	0	1	1	1	1	1	1	1	1	0	0	1
0	×	×	0	1	1	1	1	1	1	0	1	0	1
0	×	×	×	0	1	1	1	1	1	0	0	0	1
0	×	×	×	×	0	1	1	1	0	1	1	0	1
0	×	×	×	×	×	0	1	1	0	1	0	0	1
0	×	×	×	×	×	×	0	1	0	0	1	0	1
0	×	×	×	×	×	×	×	0	0	0	0	0	1

（1）按表 6-11 所列各输入引脚的状态，测试其各输出引脚的逻辑状态。

表 6-11　测试记录

输　入									输　出				
$\overline{EI}$	$\overline{I_0}$	$\overline{I_1}$	$\overline{I_2}$	$\overline{I_3}$	$\overline{I_4}$	$\overline{I_5}$	$\overline{I_6}$	$\overline{I_7}$	A_2	A_1	A_0	S	EO
1	×	×	×	×	×	×	×	×	1	1	1	1	1
0	1	1	1	1	1	1	1	1					
0	0	1	1	1	1	1	1	1					
0	×	0	1	1	1	1	1	1					
0	×	×	0	1	1	1	1	1					
0	×	×	×	0	1	1	1	1					

注：将 74LS148 水平插入数电箱里的 16 脚插座，芯片第 16 脚接 +5 V DC，第 8 脚接 GND 端，其他输入端接逻辑电平输出端，输出端接逻辑电平显示端。

（2）写出二进制编码器的编码输入信息与输出编码数值的关系。

（3）归纳 74LS148 优先编码器的输出 S 和 EO 的 0 和 1 所表示的含义。

（二）认识 74LS48

74LS48 芯片是一种常用的共阴极七段数码管译码器驱动器，输出高电平有效，常用在各种数字电路和单片机系统的显示系统中。用于连接七段 LED 数码管。芯片管脚图如图 6-6 所示。

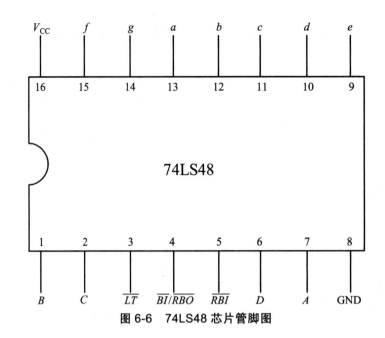

图 6-6　74LS48 芯片管脚图

共阴极七段数码管译码器（驱动）简介：

$A \sim D$ 为输入，D 为高位，为二进制编码；

$a \sim g$ 为输出，高电平有效，分别接共阴极数码管的 $a \sim g$ 引脚；

7448 允许输入大于 9；

LT 为灯测试输入端，低电平有效。$LT = 0$ 时，数码管七段同时得到高电平，以检查数码管各段功能；

RBI 为灭零输入端，低电平有效。$RBI = 0$ 时，多位数中不需显示的 0 被熄灭；

BI/RBO 为灭灯输入/灭零输出端，低电平有效。输入 $BI = 0$ 时，各段全灭；作输出时，若 $RBO = 0$，表示已将本该显示却不需显示的 0 熄灭了。

（1）查看 74LS48 的真值表（见表 6-12），叙述二进制译码器的译码含义。

表 6-12　74LS48 真值表

十进数或功能	输入						BI/RBO	输出							备注
	LI	RBI	D	C	B	A		a	b	c	d	e	f	g	
0	H	H	0	0	0	0	H	1	1	1	1	1	1	0	
1	H	×	0	0	0	1	H	0	1	1	0	0	0	0	
2	H	×	0	0	1	0	H	1	1	0	1	1	0	1	
3	H	×	0	0	1	1	H	1	1	1	1	0	0	1	
4	H	×	0	1	0	0	H	0	1	1	0	0	1	1	1
5	H	×	0	1	0	1	H	1	0	1	1	0	1	1	
6	H	×	0	1	1	0	H	0	0	1	1	1	1	1	
7	H	×	0	1	1	1	H	1	1	1	0	0	0	0	

十进数或功能	输入					BI/RBO	输出							备注
	LI	RBI	D	C	B	A		a	b	c	d	e	f	g	
8	H	×	1	0	0	0	H	1	1	1	1	1	1	1	
9	H	×	1	0	0	1	H	1	1	1	0	0	1	1	
10	H	×	1	0	1	0	H	0	0	0	1	1	0	1	
11	H	×	1	0	1	1	H	0	0	1	1	0	0	1	
12	H	×	1	1	0	0	H	0	1	0	0	0	1	1	1
13	H	×	1	1	0	1	H	1	0	0	1	0	1	1	
14	H	×	1	1	1	0	H	0	0	0	1	1	1	1	
15	H	×	1	1	1	1	H	0	0	0	0	0	0	0	
BI	×	×	×	×	×	×	L	0	0	0	0	0	0	0	2
RBI	H	L	0	0	0	0	L	0	0	0	0	0	0	0	3
LT	L	×	×	×	×	×	H	1	1	1	1	1	1	1	4

（2）74LS48 常用显示电路如图 6-7 所示，分析电路的工作过程。

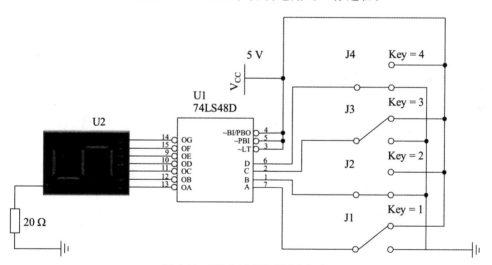

图 6-7　74LS48 译码显示电路

（3）查阅 CD4511 和 74LS49 的资料，思考可以分别用这两块芯片直接取代 74LS48 吗？

二、LED 数码显示器

数码显示器采用八段发光二极管显示器，可直接显示出译码器输出的十进制数。八段发光显示器有共阴接法和共阳接法两种：共阴接法就是把发光二极管的阴极都接在一个公共点（接地），其引脚排列和内部原理如图 6-8（a）所示，配套的译码器为 CD4511、74LS48 等；共阳公共点接法相反，它是把发光二极管的阳极接在一起（接 V_{CC}），配套的译码器为 74LS46、74LS47 等，其引脚排列和内部原理如图 6-8（b）所示。

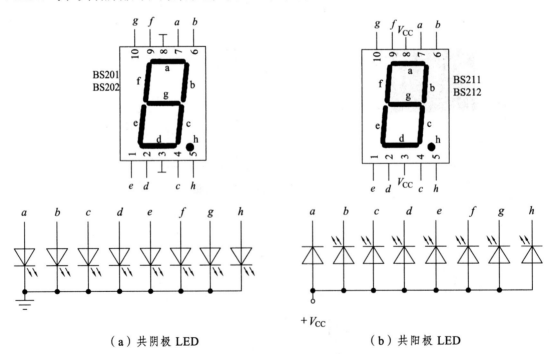

（a）共阴极 LED　　　　　　（b）共阳极 LED

图 6-8　LED 数码显示器

思考如何测试七段 LED 数码的好坏?

三、编码-译码显示系统

编码-译码显示系统如图 6-9 所示，看图回答以下问题。

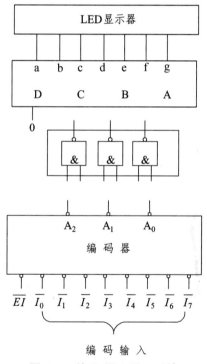

图 6-9　编码-译码显示系统

（1）该系统有哪几部分组成?

（2）各部分的功能是什么？

（3）编码器、译码器、显示器可以分别选择哪些型号？

学习活动二　现场实训

【学习目标】

（1）能根据实验要求设计电路图。

（2）能选择合适的实验器件。

（3）能根据要求实验测试。

（4）试验完毕后清理现场并写出实训报告。

【学习课时】

4 课时

【学习过程】

（1）根据任务要求并结合实训室实际，写出设计步骤，选定器件。

（2）根据所选器件画出电路图。

（3）写出实验步骤和测试方法。

（4）安装与调试，设计实验记录表格并记录。

（5）如测试未达到试验要求，请填写表6-13。

表6-13 自检故障记录表

故障现象	故障原因	检修思路

学习活动三 总结与评价

【学习目标】

（1）能以书写实训报告的形式，对学习过程和实训成果进行总结。

（2）完成对学习过程的综合评价。

【学习课时】

4课时

【学习过程】

一、编写实训报告

二、综合评价（见表6-14）

表6-14　评分表

评价项目	评价内容	评价标准	评价方式		
			自我评价	小组评价	教师评价
职业素养	安全意识、责任意识	A等：作风严谨、自觉遵章守纪、出色完成工作任务 B等：能够遵守规章制度、较好完成工作任务 C等：忽视规章制度，没完成工作任务 D等：不遵守规章制度、没有完成工作任务			
	学习态度	A等：积极参与教学活动，全勤 B等：缺勤达到本任务总学时的10% C等：缺勤达本任务总学时的20% D等：缺勤达本任务总学时的30%			
	团队合作意识	A等：与同学协作融洽、团队合作意识强 B等：与同学能沟通、协同工作能力较强 C等：与同学能沟通、协同工作能力一般 D等：与同学沟通困难、协同工作能力较差			
专业能力	学习活动1：实训前的准备	A等：学习活动评价成绩为90～100分 B等：学习活动评价成绩为75～89分 C等：学习活动评价成绩为60～74分 D等：学习活动评价成绩为0～59分			
	学习活动2：现场实训	A等：学习活动评价成绩为90～100分 B等：学习活动评价成绩为75～89分 C等：学习活动评价成绩为60～74分 D等：学习活动评价成绩为0～59分			
	实训报告	A等：学习活动评价成绩为90～100分 B等：学习活动评价成绩为75～89分 C等：学习活动评价成绩为60～74分 D等：学习活动评价成绩为0～59分			
创新能力		在学习过程中提出具有创新性、可行性的方法、建议	加分奖励：		
班级			学号		
姓名			综合评价等级		
教师			日期		

项目七 4路抢答器

一、学习目的

（1）了解时序逻辑电路基础知识。

（2）掌握时序逻辑电路的分析和设计方法。

（3）掌握4路抢答器的工作原理。

（4）能按照实训要求在数字逻辑箱上实现4路抢答器。

（5）能正确编写实验报告，并按照现场管理规定清理实训台。

二、建议课时

14课时

三、实训任务描述

在智力竞赛中，参赛者通过抢先按动按钮，取得答题权。抢答前，主持人按下复位按钮，4个发光二极管均不亮，扬声器不发声。当抢答按钮 SB$_1$ ～ SB$_4$ 中有一个被按下时，相应的发光二极管亮，扬声器响，表示抢答成功。此时其他组按下按钮不起作用，抢答完毕，复位清零，准备下次抢答。4路抢答器的电路图如图7-1所示。

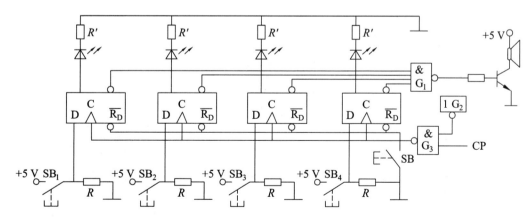

图7-1　4路抢答器

四、工作流程与活动

（1）实训前的准备。

（2）现场实训。

（3）编写实训报告。

学习活动一　实训前的准备

【学习目标】

（1）掌握触发器的结构和工作原理。

（2）了解时序逻辑电路基础知识。

（3）了解双 D 触发器 SN74LS74。

（4）掌握 4 路抢答器的工作原理。

【学习课时】

6 课时

【学习过程】

一、触发器结构和工作原理

组合逻辑电路的基本单元是门电路，时序逻辑电路的基本单元是触发器。触发器的输出不仅与当前的输入有关，还与过去的状态有关。触发器有两个稳定状态，分别表示二进制数码的"0"和"1"。从逻辑功能来看，主要有 RS 触发器、D 触发器、JK 触发器、T 触发器等；从电路结构上来看，触发器主要分为基本 RS 触发器、同步触发器、维持阻塞触发器、主从触发器和边沿触发器等。

（1）查阅资料，将表 7-1 补充完整。

表 7-1　触发器类型

类型	逻辑图	逻辑符号	功能表			
			输入信号		输出状态	功能说明
			$\overline{S}$	$\overline{S}$	Q_{n+1}	
RS触发器			0	1	1	置1
			1	0	0	置0
			1	1	Q_n	保持
			0	0	不定	静止

类型	逻辑图	逻辑符号	功能表
基本RS触发器			
JK触发器			
边沿D触发器			

（2）边沿触发器 CP 和 D 的波形如图 7-2 所示，试对应画出 Q 和 $\overline{Q}$ 的波形图。

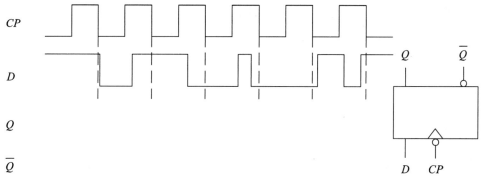

图 7-2　边沿触发器波形

二、时序电路基础知识

时序逻辑电路是一种重要的数字逻辑电路，其特点是电路任何一个时刻的输出状态不仅取决于当时的输入信号，而且与电路的原状态有关，具有记忆功能。构成组合逻辑电路的基本单元是逻辑门，而构成时序逻辑电路的基本单元是触发器。时序逻辑电路在实际中的应用很广泛，在数字钟、交通灯、计算机、电梯的控制盘、门铃和防盗报警系统中都能见到。

时序逻辑电路设计最简的标准：所用的触发器和门电路的数量，以及门的输入端数目尽可能少。

（1）时序逻辑电路分析的一般步骤：写方程式、求状态方程、进行计算、画状态转换图（或状态转换表）、确定电路的逻辑功能等。

（2）时序逻辑电路设计的一般步骤：根据逻辑要求，确定电路状态转换规律，并由此求出各触发器的驱动方程和输出方程，最后画出相应的逻辑电路图。

三、双 D 触发器 SN74LS74

74LS74 内含两个独立的 D 上升沿双 D 触发器，每个触发器有数据输入端 D、置位输入端 S_D、复位输入端 R_D、时钟输入 CP 和数据输出 Q 端。S_D 和 R_D 的低电平使输出预置或清除，而与其他输入端的电平无关。当 S_D 和 R_D 均无效（高电平）时，符合建立时间要求的 D 数据在 CP 上升沿作用下传送到输出端。管脚图及功能表见图 7-3 和表 7-2。

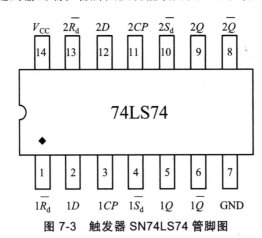

图 7-3　触发器 SN74LS74 管脚图

表 7-2　SN74LS74 真值表

输　入				输　出	
S_D	R_D	CP	D	Q_{n+1}	Q_{n+1}
0	1	×	×	1	0
1	0	×	×	0	1
0	0	×	×	φ	φ
1	1	↑	1	1	1
1	1	↑	0	0	0
1	1	↓	×	Q_n	Q_n

（1）测试 SN74LS74 的 S_D 和 R_D，填写表 7-3。

表 7-3　SN74LS74 测试结果

CP	D	S_D	R_D	Q^{n+1}
任意	任意	0	1	
任意	任意	1	0	

（2）测试 D 触发器的逻辑功能，填写表 7-4。

表 7-4　D 触发器测试结果

D	CP	Q^{n+1}		功能说明
		$Q^n = 0$	$Q^n = 1$	
0	0→1			
	1→0			
1	0→1			
	1→0			

四、4 路抢答器工作过程

4 路抢答器是由 4 个 D 触发器和 2 个"与非"门、1 个"非"门等组成的电路。抢答前，主持人按下复位按钮 SB，4 个 D 触发器全部清 0，4 个发光二极管均不亮，"与非"门 G_1 输出为 0，三极管截止，扬声器不发声。同时，G_2 输出为 1，时钟信号 CP 经 G_3 送入触发器的时钟控制端。此时，抢答按钮 $SB_1 \sim SB_4$ 未被按下，均为低电平，4 个 D 触发器输入的全是 0，保持 0 状态不变。时钟信号 CP 可用 555 定时器组成多谐振荡器的输出。当抢答按钮 $SB_1 \sim SB_4$ 中有一个被按下时，相应的 D 触发器输出为 1，相应的发光二极管亮，同时，G_1 输出为 1，使扬声器响，表示抢答成功，另外 G_1 输出经 G_2 反相后，关闭 G_3，封锁时钟信号 CP，此时，各触发器的时钟控制端均为 1，如果再有按钮被按下，就不起作用了，触发器的状态也不会改变。

学习活动二　现场实训

【学习目标】

（1）能按照电路图在数字逻辑箱上选取所需元件。

（2）能够按照电路图连接元件。

（3）对电路进行测试。

（4）试验完毕后清理现场并写出实训报告。

【学习课时】

4课时

【学习过程】

（1）根据电路图，依据数字逻辑箱和实训室现有的材料，列元件清单（见表7-5），并对元件进行测试。

表 7-5　元件清单

序号	元件	型号/规格	数量	备注

（2）连接元件并设计表格对测试结果进行记录。

（3）如测试未达到试验要求，请填写表 7-6。

表 7-6　自检故障记录表

故障现象	故障原因	检修思路

学习活动三　总结与评价

【学习目标】

（1）能以书写实训报告的形式，对学习过程和实训成果进行总结。
（2）完成对学习过程的综合评价。

【学习课时】

4 课时

【学习过程】

一、编写实训报告

二、综合评价（见表 7-7）

表 7-7　评分表

评价项目	评价内容	评价标准	评价方式		
			自我评价	小组评价	教师评价
职业素养	安全意识、责任意识	A 等：作风严谨、自觉遵章守纪、出色完成工作任务 B 等：能够遵守规章制度、较好完成工作任务 C 等：忽视规章制度，没完成工作任务 D 等：不遵守规章制度、没有完成工作任务			
	学习态度	A 等：积极参与教学活动，全勤 B 等：缺勤达到本任务总学时的 10% C 等：缺勤达本任务总学时的 20% D 等：缺勤达本任务总学时的 30%			
	团队合作意识	A 等：与同学协作融洽、团队合作意识强 B 等：与同学能沟通、协同工作能力较强 C 等：与同学能沟通、协同工作能力一般 D 等：与同学沟通困难、协同工作能力较差			

评价项目	评价内容	评价标准	评价方式		
			自我评价	小组评价	教师评价
专业能力	学习活动1：实训前的准备	A 等：学习活动评价成绩为 90~100 分 B 等：学习活动评价成绩为 75~89 分 C 等：学习活动评价成绩为 60~74 分 D 等：学习活动评价成绩为 0~59 分			
	学习活动2：现场实训	A 等：学习活动评价成绩为 90~100 分 B 等：学习活动评价成绩为 75~89 分 C 等：学习活动评价成绩为 60~74 分 D 等：学习活动评价成绩为 0~59 分			
	实训报告	A 等：学习活动评价成绩为 90~100 分 B 等：学习活动评价成绩为 75~89 分 C 等：学习活动评价成绩为 60~74 分 D 等：学习活动评价成绩为 0~59 分			
创新能力		在学习过程中提出具有创新性、可行性的方法、建议	加分奖励：		
班级		学号			
姓名		综合评价等级			
教师		日期			

项目八　8 路流水彩灯电路

一、学习目的

（1）掌握 555 定时器电路结构及功能。

（2）了解 555 定时器的应用。

（3）了解 74HC164 芯片的用法。

（4）能通过阅读实训要求，用指定芯片完成 8 路流水彩灯电路连接与测试。

（5）能正确编写实验报告，并按照现场管理规定清理实训台。

二、建议课时

20 课时

三、实训任务描述

设计一个 8 路流水彩灯电路，要求按下开关后，第一个彩灯亮，然后熄灭，紧接着第二个彩灯亮，以此类推，形成单灯的移动效果。当流水灯移动 8 位后复位，完成一个周期，然后周期循环。

四、工作流程与活动

（1）实训前的准备。

（2）现场实训。

（3）总结与评价。

学习活动一　实训前的准备

【学习目标】

（1）掌握数字示波器的用法。

（2）掌握 555 的工作原理及其性能特点。

（3）掌握 555 组成的基本电路及应用。

（3）了解 74HC164 芯片的用法。

【学习课时】

10 课时

【学习过程】

一、数字示波器的使用

数字示波器首先将被测信号抽样和量化，变为二进制信号存储起来，再从存储器中取出信号的离散值，通过算法将离散的被测信号以连续的形式在屏幕上显示出来。本课程以普源公司 DS5022 型数字示波器为例进行介绍，具体的示波器面板如图 8-1 所示，屏幕刻度和标注信息如图 8-2 所示，具体操作方法见表 8-1。

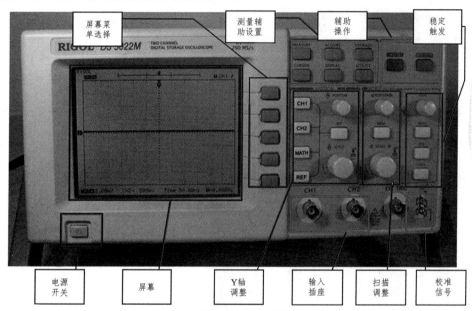

图 8-1　示波器面板

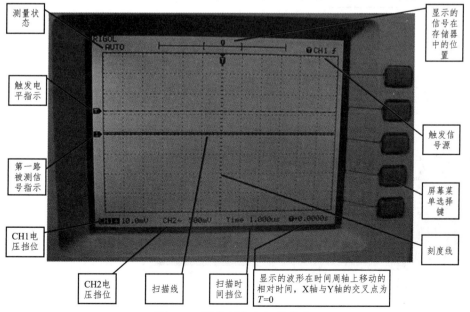

图 8-2　屏幕刻度和标注信息

表 8-1　示波器操作方法

项目	操 作 图	要 点
垂直通道调整	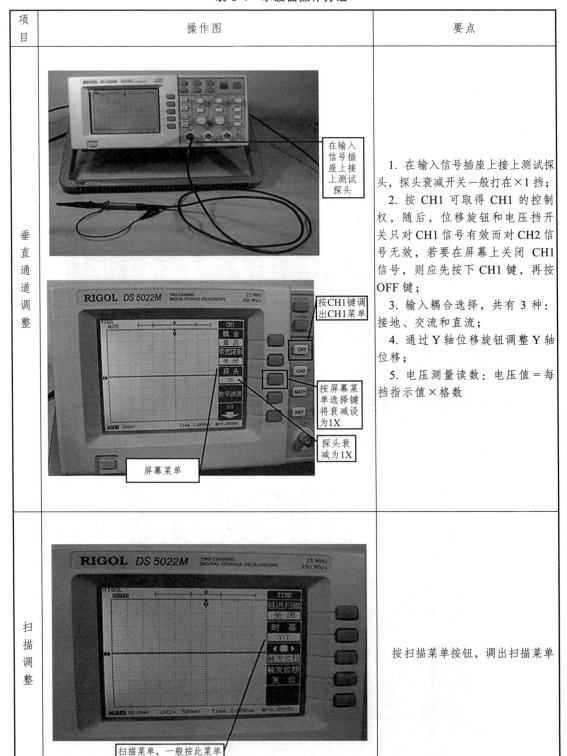	1. 在输入信号插座上接上测试探头，探头衰减开关一般打在×1 挡； 2. 按 CH1 可取得 CH1 的控制权，随后，位移旋钮和电压挡开关只对 CH1 信号有效而对 CH2 信号无效，若要在屏幕上关闭 CH1 信号，则应先按下 CH1 键，再按 OFF 键； 3. 输入耦合选择，共有 3 种：接地、交流和直流； 4. 通过 Y 轴位移旋钮调整 Y 轴位移； 5. 电压测量读数：电压值＝每挡指示值×格数
扫描调整		按扫描菜单按钮，调出扫描菜单

项目	操作图	要点
扫描调整	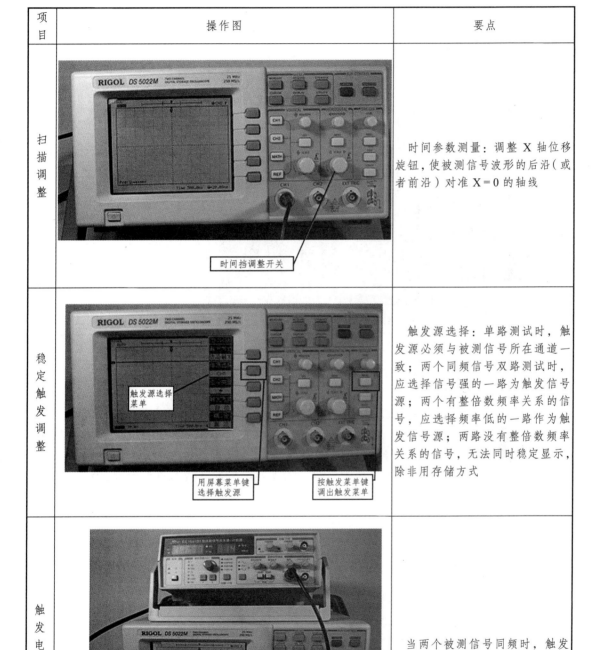 时间挡调整开关	时间参数测量：调整 X 轴位移旋钮，使被测信号波形的后沿（或者前沿）对准 X = 0 的轴线
稳定触发调整	触发源选择菜单 用屏幕菜单键选择触发源 按触发菜单键调出触发菜单	触发源选择：单路测试时，触发源必须与被测信号所在通道一致；两个同频信号双路测试时，应选择信号强的一路为触发信号源；两个有整倍数频率关系的信号，应选择频率低的一路作为触发信号源；两路没有整倍数频率关系的信号，无法同时稳定显示，除非用存储方式
触发电平调整	当以CH2的方波信号为触发源时，CH1的正弦波不稳定 当以CH2的方波为触发源时，方波稳定	当两个被测信号同频时，触发源应选择其中较为稳定的一路

145

项目	操作图	要点
校准信号的使用	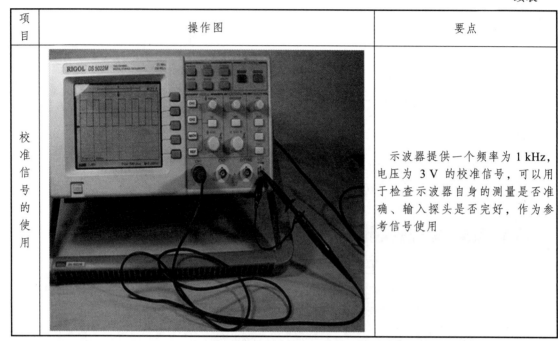	示波器提供一个频率为 1 kHz，电压为 3 V 的校准信号，可以用于检查示波器自身的测量是否准确、输入探头是否完好，作为参考信号使用

二、认识 555 定时器

555 集成时基电路称为集成定时器，是一种数字、模拟混合型的中规模集成电路，其应用十分广泛。该电路使用灵活、方便，只需外接少量的阻容元件就可以构成单稳、多谐和施密特触发器，因而广泛用于信号的产生、变换、控制与检测。555 定时器的原理图和管脚图如图 8-3 所示。其中，CO 为控制电压输入端，TH 为高触发端，TR 为低触发端，D 为放电端，R 为复位端，OUT 为输出端。

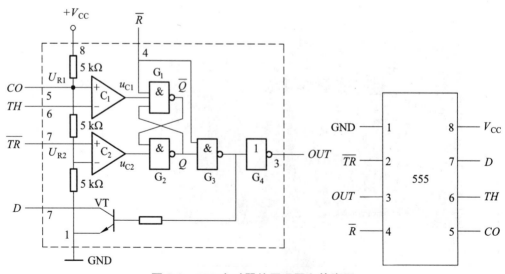

图 8-3　555 定时器的原理图和管脚图

（一）结构和原理

（1）查阅资料，说一说 555 定时器的各部分由哪些元件组成？填写表 8-2。

表 8-2　555 定时器的组成

555 定时器电路组成	包含元件	电路作用
分压器		
电压比较器		
基本 RS 触发器		
放电三极管及缓冲器		

（2）分析图 8-3 所示的电路图，补全 555 定时器的逻辑功能表（见表 8-3）。

表 8-3　555 定时器逻辑功能

输　入			输　出	
高触发端	低触发端	复位端	输出端	放电管 VT
$\times$	$\times$	0		
$< \frac{2}{3} V_{CC}$	$< \frac{1}{3} V_{CC}$	1		
$> \frac{2}{3} V_{CC}$	$> \frac{1}{3} V_{CC}$	1		
$< \frac{2}{3} V_{CC}$	$> \frac{1}{3} V_{CC}$	1		

（二）应用电路

1. 施密特触发器

如图 8-4 所示，555 定时器可用于 TTL 系统的接口，起到整形电路或脉冲鉴幅等作用。

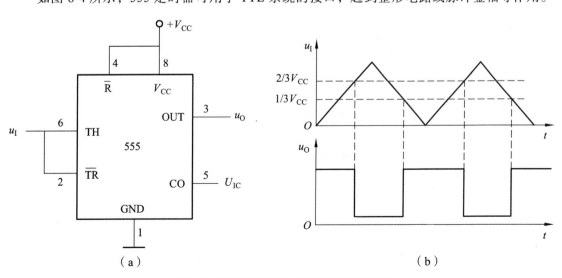

图 8-4　555 定时器构成的施密特触发器

（1）按图 8-4 所示电路接线，用数字示波器观察波形，思考施密特触发器的主要作用是什么？

（2）为什么说施密特触发器是一种双稳态触发器？

2. 多谐振荡器

如图 8-5 所示，555 定时器可以组成信号产生电路，常用于简易电子琴线路。

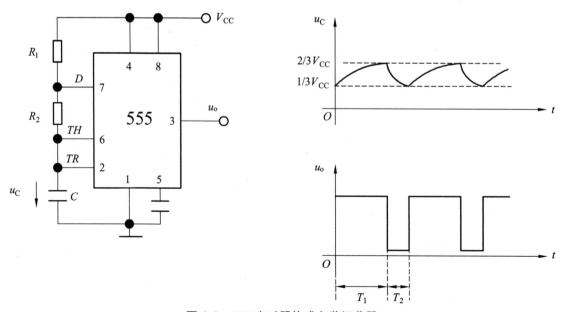

图 8-5　555 定时器构成多谐振荡器

（1）用数字示波器观察输出波形，思考如何改变方波的占空比？

（2）图 8-6 为简易电子琴线路，思考如何使外接喇叭发出不同的声调？

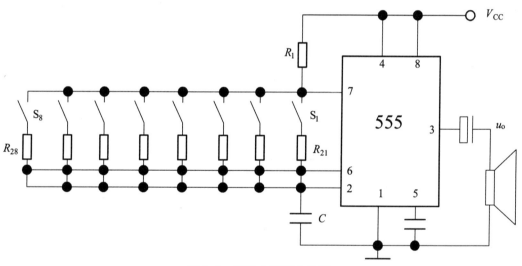

图 8-6　简易电子琴电路图

3. 单稳态触发器

如图 8-7 所示，555 定时器可用于定时延时整形及一些定时开关中，如洗相曝光定时器。

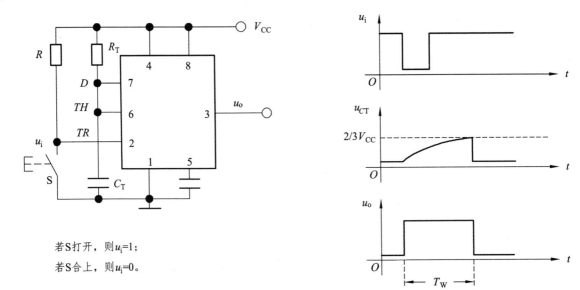

若S打开，则$u_i=1$；

若S合上，则$u_i=0$。

图 8-7　555 定时器构成单稳态触发器

（1）按图 8-8 所示电路接线，用数字示波器观察波形，记录实验现象（见表 8-4），总结单稳态触发器工作特性。

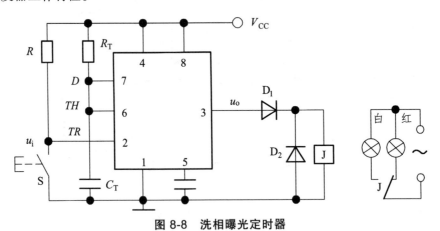

图 8-8　洗相曝光定时器

表 8-4　实验现象记录

按钮 S	u_o	J 的线圈	J 的结点	红灯	白灯
未按					
按一下					

工作特性：

三、认识 74HC164 芯片

74HC164 是 8 位边沿触发式移位寄存器，串行输入数据，然后并行输出。数据通过两个输入端（DSA 或 DSB）之一串行输入；任一输入端可以用作高电平使能端，控制另一输入端的数据输入。两个输入端或者连接在一起，或者把不用的输入端接高电平，一定不能悬空。时钟（CP）每次由低变高时，数据右移一位，输入到 Q_0，Q_0 是两个数据输入端（DSA 和 DSB）的逻辑与，它将上升时钟沿保持一个建立时间的长度。主复位（MR）输入端上的一个低电平将使其他所有输入端都无效，同时非同步地清除寄存器，强制所有的输出为低电平。芯片管脚图如图 8-9 和表 8-5 所示。

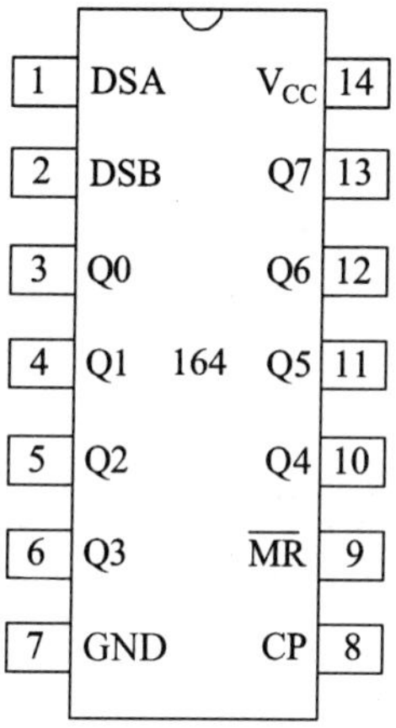

```
        ┌───∪───┐
    1 │ DSA   V_CC │ 14
    2 │ DSB    Q7 │ 13
    3 │ Q0     Q6 │ 12
    4 │ Q1 164 Q5 │ 11
    5 │ Q2     Q4 │ 10
    6 │ Q3     MR̄ │ 9
    7 │ GND    CP │ 8
        └───────┘
```

图 8-9　74HC164 芯片管脚图

表 8-5　74HC164 功能表

符号	引脚	说明
DSA	1	数据输入
DSB	2	数据输入
Q0~Q3	3~6	输出
GND	7	地（0 V）
CP	8	时钟输入（低电平到高电平边沿触发）
$\overline{MR}$	9	中央复位输入（低电平有效）
Q4~Q7	10~13	输出
V_CC	14	正电源

思考如何测试一块 74HC164 芯片的好坏？并用实验验证。

四、电路设计思路

由 555 产生的脉冲输入信号 CP 在每一个上升沿时有效，芯片 74HC164 的输出电平每次由 Q0 向 Q7 端进位移动，输出电平值等于数据端 DSA 和 DSB 的逻辑与。流水灯动作要求：通电时 Q0 上的 LED 点亮，一段时间后熄灭，Q1 上的 LED 灯点亮，以此类推，形成单灯的移动效果。74HC164 默认 Q0～Q7 输出为低电平，在第一个脉冲上升沿到第二个上升沿期间，要求 DSA、DSB 端同时为高，其他时间为低，该要求由 C_4 和 R_{20} 构成一定时间的高电平输出实现。当流水灯移动 8 位后，必须给予复位，让流水灯不断循环，该功能由 74HC164 的复位端实现。

学习活动二　现场实训

【学习目标】

（1）学会查资料，进行方案比较，根据实训任务描述设计电路图。

（2）会根据要求调试电路。

（3）试验完毕后清理现场并写出实训报告。

【学习课时】

6 课时

【学习过程】

（1）根据任务要求并结合实训室实际情况，写出设计思路，选定器件。

（2）根据所选器件画出电路图。

（3）连接线路并调试，设计实训记录表格。

（4）如测试未达到试验要求，请填写表8-6。

表8-6　自检故障记录表

故障现象	故障原因	检修思路

学习活动三　总结与评价

【学习目标】

（1）能以书写实训报告的形式，对学习过程和实训成果进行总结。

（2）完成对学习过程的综合评价。

【学习课时】

4 课时

【学习过程】

一、编写实训报告

二、综合评价（见表 8-7）

表 8-7　评分表

评价项目	评价内容	评价标准	评价方式		
			自我评价	小组评价	教师评价
职业素养	安全意识、责任意识	A 等：作风严谨、自觉遵章守纪、出色完成工作任务 B 等：能够遵守规章制度、较好完成工作任务 C 等：忽视规章制度，没完成工作任务 D 等：不遵守规章制度、没有完成工作任务			
	学习态度	A 等：积极参与教学活动，全勤 B 等：缺勤达到本任务总学时的 10% C 等：缺勤达本任务总学时的 20% D 等：缺勤达本任务总学时的 30%			
	团队合作意识	A 等：与同学协作融洽、团队合作意识强 B 等：与同学能沟通、协同工作能力较强 C 等：与同学能沟通、协同工作能力一般 D 等：与同学沟通困难、协同工作能力较差			

评价项目	评价内容	评价标准	评价方式		
			自我评价	小组评价	教师评价
专业能力	学习活动 1：实训前的准备	A 等：学习活动评价成绩为 90~100 分 B 等：学习活动评价成绩为 75~89 分 C 等：学习活动评价成绩为 60~74 分 D 等：学习活动评价成绩为 0~59 分			
	学习活动 2：现场实训	A 等：学习活动评价成绩为 90~100 分 B 等：学习活动评价成绩为 75~89 分 C 等：学习活动评价成绩为 60~74 分 D 等：学习活动评价成绩为 0~59 分			
	实训报告	A 等：学习活动评价成绩为 90~100 分 B 等：学习活动评价成绩为 75~89 分 C 等：学习活动评价成绩为 60~74 分 D 等：学习活动评价成绩为 0~59 分			
创新能力		在学习过程中提出具有创新性、可行性的方法、建议	加分奖励：		
班级			学号		
姓名			综合评价等级		
教师			日期		

参考文献

[1] 朱彦齐. 简单电子线路装接与维修[M]. 北京：中国劳动社会保障出版社，2015.

[2] 赵景波，周祥龙，于亦凡. 电子技术[M]. 北京：人民邮电出版社，2008.

[3] 康华光，等. 电子技术基础模拟部分[M]. 5 版. 北京：高等教育出版社，2006.

[4] 余孟尝. 数字电子技术基础简明教程[M]. 3 版. 北京：高等教育出版社，2006.

[5] 王博，姜义. 精通 Proteus 电路设计与仿真[M]. 北京：清华大学出版社，2018.